植物
百科

公园里常见的植物

植物百科编委会　编著

中国大百科全书出版社

图书在版编目（CIP）数据

植物百科．公园里常见的植物／植物百科编委会编著．-- 北京：中国大百科全书出版社，2025. 1.
ISBN 978-7-5202-1801-6

Ⅰ．Q94-49

中国国家版本馆 CIP 数据核字第 2024ZE8266 号

总 策 划：刘　杭　　郭继艳
策划编辑：张会芳
责任编辑：李　娜
责任校对：闵　娇
责任印制：王亚青
出版发行：中国大百科全书出版社有限公司
地　　址：北京市西城区阜成门北大街 17 号
邮政编码：100037
电　　话：010-88390811
网　　址：http://www.ecph.com.cn
印　　刷：唐山富达印务有限公司
开　　本：710mm×1000mm　1/16
印　　张：10
字　　数：100 千字
版　　次：2025 年 1 月第 1 版
印　　次：2025 年 1 月第 1 次印刷
书　　号：ISBN 978-7-5202-1801-6
定　　价：48.00 元

—— 总　序

这是一套面向大众、根植于《中国大百科全书》第三版（以下简称百科三版）的百科通俗读物。

百科全书是概要记述人类一切门类知识或某一门类知识的完备的工具书。它的主要作用是供人们随时查检需要的知识和事实资料，还具有扩大读者知识视野和帮助人们系统求知的教育作用，常被誉为"没有围墙的大学"。简而言之，它是回答问题的书，是扩展知识的书。

中国大百科全书出版社从 1978 年起，陆续编纂出版了《中国大百科全书》第一版、第二版和第三版。这是我国科学文化建设的一项重要基础性、标志性、创新性工程，是在百年未有之大变局和中华民族伟大复兴全局的大背景下，提升我国文化软实力、提高中华文化国际影响力的一项重要举措，具有重大的现实意义和深远的历史意义。

百科三版的编纂工作经国务院立项，得到国家各有关部门、全国科学文化研究机构、学术团体、高等院校的大力支持，专家、学者 5 万余人参与编纂，代表了各学科最高的专业水平。专家、作者和编辑人员殚精竭虑，按照习近平总书记的要求，努力将百科三版建设成有中国特色、有国际影响力的权威知识宝库。截至 2023 年底，百科三版通过网站（www.zgbk.com）发布了 50 余万个网络版条目，并陆续出版了一批纸质版学科卷百科全书，将中国的百科全书事业推向了一个新的高度。

重文修武，耕读传家，是我们中国人悠久的文化传承。作为出版人，我们以传播科学文化知识为己任，希望通过出版更多优秀的出版物来落实总书记的要求——推动文化繁荣、建设中华民族现代文明，努力建设中国式现代化强国。

为了更好地向大众普及科学文化知识，我们从《中国大百科全书》第三版中选取一些条目，通过"人居环境""科学通识""地球知识""工艺美术""动物百科""植物百科""渔猎文明""交通百科"等主题结集成册，精心策划了这套大众版图书。其中每一个主题包含不同数量的分册，不仅保持条目的科学性、知识性、准确性、严谨性，而且具备趣味性、可读性，语言风格和内容深度上更适合非专业读者，希望读者在领略丰富多彩的各领域知识之时，也能了解到书中展示的科学的知识体系。

衷心希望广大读者喜爱这套丛书，并敬请对书中不足之处给予批评指正！

《中国大百科全书》编辑部

"植物百科"丛书序

　　全世界已知约 30 万种植物，它们的个体大小、寿命差异很大，从肉眼看不见的单细胞绿藻，到海洋中的巨藻和陆地上庞大的、寿过几千年的"世界爷"——北美红杉，都属于植物。植物与人类的关系极为密切，它们是地球上的初级生产者，是其他生物直接或间接的食物来源和氧气的制造者，在维持物质循环、生态系统相对平衡和生物多样性上具有极其重要的作用。

　　植物有多种分类方式。根据植物分类学，可将植物分为藻类植物、苔藓植物、石松类植物、蕨类植物、裸子植物和被子植物。日常生活中，常根据植物的生长环境或者用途等进行分类。如按照生活环境（生境）和生活方式，植物可分为陆生植物和水生植物；根据是否有人为干预，分为栽培植物和野生（野外）植物。其中，栽培植物最初是野生植物，经过人工培育后，具有一定生产价值或经济性状，遗传性稳定，能满足人类的需求。按照人工栽培环境，植物可分为大田植物、阳台植物、庭院植物、公园里的植物等。根据植物生长的地理分区，还可分为南方植物和北方植物。由于植物是自养型生物，一般无须运动，因而植物常是固定在某一环境中，并终生与环境相互影响。但植物在某个环境的常见为相对常见，并非绝对，如某一植物是庭院植物，也是阳台常见的植物，某些南方植物也可能出现在北方的温室中。

　　为便于读者全面地了解各类植物，编委会依托《中国大百科全书》

第三版生物学、渔业、植物保护学、林业、园艺学、草业科学等学科内容，精心策划了"植物百科"丛书，选择相对常见的植物类型及种类，编为《餐桌上常见的植物》《阳台上常见的植物》《庭院里常见的植物》《公园里常见的植物》《北方野外常见的植物》《南方常见的植物》《常见的水生植物》等分册，图文并茂地介绍了各类植物。

希望这套丛书能够让读者更多地了解和认识各类植物，引起读者对植物的关注和兴趣，起到传播科学知识的作用。

植物百科丛书编委会

目 录

第 1 章 树木 1

第2章　花草　67

绿化树种

雪 松

雪松是裸子植物松目松科雪松属的一种常绿乔木。

◆ **分布**

雪松分布于阿富汗至印度西喜马拉雅山区海拔1500～3200米地带。中国大部分城市均有栽培。

◆ **形态特征**

雪松高达50米，胸径可达3米。大枝平展、微斜展或微下垂，小枝下垂。叶针形，三棱，长2.5～5厘米，蓝绿色，在长枝上螺旋排列，辐射伸展，在短枝上成簇生状。雄球花长卵圆形或长圆柱状，长2～3厘米，径1厘米；雌球花卵圆形，长约7毫米。

雪松

球果直立，成熟前绿色，成熟时红褐色，卵圆形或宽卵圆形。种子近三角形，种翅宽大，球果成熟时种鳞和种子一起脱落。

尽管雪松属物种不多，但种间关系仍存在争议。雪松与该属其他物种有显著分化，为一自然物种。

◆ 主要用途

雪松的材质坚实、致密均匀、具香气、耐腐蚀，可作建筑、桥梁和家具用材；树形优美，侧枝平伸，枝下高极低，姿态雄伟，是世界著名的绿化观赏树种。

湿地松

湿地松是松科松属一种乔木。美国南方的用材树种。

◆ 名称来源

湿地松属名 *Pinus* 来自原始印欧语 peyH-，意为脂肪；种加词 *elliottii* 来源于地名 Elliott。

◆ 分布

湿地松原产于美国东南部暖带潮湿的低海拔地区。中国湖北武汉，江西吉安，浙江安吉、余杭，江苏南京、江浦，安徽泾县，福建闽侯，广东广州、台山，广西柳州、桂林，台湾等地有引种栽培。

21 世纪初以来，澳大利亚、新西兰、马来西亚、南非、津巴布韦和肯尼亚等国广泛引种。中国广东省于 1964 年在台山建立湿地松种子园，并于 1973 年开始生产大量种子。此后，福建闽侯、江苏南京等地相继引种。

◆ **形态特征**

湿地松树皮灰褐色或暗红褐色，纵裂成鳞状块片剥落，小枝粗糙。针叶 2 ～ 3 针一束并存，有气孔线。球果圆锥形或窄卵圆形，有梗；种鳞张开，成熟后至第二年夏季脱落；鳞盾肥厚，有锐横脊，鳞脐瘤状。种子卵圆形，微具 3 棱，黑色，有灰色斑点，种翅易脱落。

湿地松

◆ **生长习性**

湿地松喜光，极不耐阴；耐水湿，也较耐旱，适生于低山丘陵地带；生长势常比同地区的马尾松或黑松为好，很少受松毛虫危害。原产地气候温暖湿润，夏季多雨，春秋季较干旱，平均年降水量 1270 ～ 1460 毫米，年平均气温 15.4 ～ 21.8℃，绝对最高温 37℃，绝对最低温 -17℃。

◆ **主要用途**

湿地松是材用树种，可用于造纸、建筑等；松脂含量高，可供采脂；还是重要的绿化树种。

◆ **系统位置**

《全球植物名录》还记录有 1 变种：南佛罗里达湿地松。在郑万钧系统和克里斯滕许斯裸子植物分类系统中均隶属于松科松亚科松属，但前者松亚科仅含松属 1 属；而后者除松属外，黄杉属、落叶松属、银杉属、云杉属均归入松亚科。

马尾松

马尾松是裸子植物松目松科松属的一种常绿乔木。

马尾松分布于中国东南部、河南、陕西、长江中下游各省区，南达福建、广西、广东、台湾，西至四川，西南至贵州和云南等地。平原和山区均有分布，一般生长于中低海拔地区，很少超过 2000 米。

马尾松高可达 45 米，胸径可达 1.5 米，树冠宽塔形。针叶，2 针一束，暗绿色，细柔，稍扭曲，长 12 ～ 20 厘米，横切面可见 4 ～ 7 个边生的树脂道，中央具 2 条维管束。叶鞘宿存，长 1.5 ～ 2 厘米。雌雄同株，球花单性，雄球花圆柱形，多个聚生于新长枝基部；雌球花单生或 2 ～ 4 个生于新枝顶端。4 ～ 5 月开花。球果卵圆形或圆锥状卵形，长 4 ～ 7 厘米，直径 2.5 ～ 4 厘米，球果翌年 10 ～ 12 月成熟，成熟时褐色。种鳞的鳞脐微凹，无刺尖。种子长卵圆形，长 4 ～ 6 毫米，具 10 ～ 15 毫米长翅。

马尾松球果

马尾松喜光和温暖湿润气候，也能生于干旱瘠薄的红壤和石砾沙质土，为荒山恢复森林的先锋树种。木材可作建筑、枕木、家具和木纤维工业的原料，树干可提取松脂，树皮可制取栲胶。为中国长江以南重要的荒山造林树种。

马尾松属于松属松亚属，与黄山松的关系近缘，两者存在天然杂交群体。马尾松有 3 个变种，包括马尾松原变种、雅加松和沙黄松。

油 松

油松是松科松属常绿乔木。又称黑松、短叶松。油松是中国特有树种，中国北方地区最主要的造林树种之一。

◆ 分布

油松在中国主要分布于北纬 31°00′～44°00′，东经 101°30′～124°25′。北至内蒙古阴山，西至宁夏贺兰山、青海祁连山、大通河、湟水流域一带，南至川甘接壤地区向东达陕西秦岭、黄龙山，河南伏牛山，山西太行山、吕梁山，河北燕山，东至山东泰山、蒙山。

◆ 形态特征

油松树高可达 40 米，胸径可达 2.5 米，树冠塔形、卵圆形或圆柱形。树皮灰褐色、黄褐色、灰黑色或红褐色。树皮为龟裂、纵裂、片状剥落等形态开裂。针叶 2 针 1 束，雌雄同株，种鳞木质，常宿存树上数年不落。种子卵圆形或长卵圆形，长 6～8 毫米，淡褐色或深褐色，有翅，翅长约 1 厘米。花期在 4～5 月，翌年 9～10 月种子成熟。

◆ 培育技术

油松造林须遵循栽培区划，选择栽培区种源或相近种源，最好选择种子园良种。油松的培育主要分为育苗技术和栽培技术两大类。

育苗技术

油松的育苗有苗圃育苗和容器育苗两大类。①苗圃育苗。选择地势平坦、土壤肥沃、土层深厚、灌溉方便、pH 在 7.5 以下、排水良好、土壤质地以沙壤和壤土的地段作为苗圃。油松育苗连作效果好，但如发病率较高时不宜再连作。油松幼苗不耐水淹，多采用高床作业。可用福尔马林、硫酸亚铁、五氯硝基苯等药物进行土壤消毒。也可用辛硫磷乳油拌种（1000 ：3），或用辛硫磷颗粒剂，每亩用药量 2 ～ 2.5 千克，可有效杀除蛴螬、蝼蛄等地下害虫。油松春播育苗为主，适当早播为宜。播种方式可用条播，条幅 5 ～ 10 厘米，条间距 20 厘米。播种量为每亩 15 ～ 27 千克。覆土厚度 1 ～ 1.5 厘米，然后稍加镇压。适宜的育苗密度为每亩保留 15 万～ 20 万株。②容器育苗。育苗基质配方为草炭土 50%、蛭石 30%、珍珠岩 20%，或松林表土和蛭石各 50%。此外，每立方米土壤加过磷酸钙 2.3 千克、硫酸钾 1.7 千克、硫酸镁和硫酸锰各 50 克、高锰酸钾 10 克、硼酸 25 克。营养土配制时切忌使用未腐熟的有机肥和蔬菜地的土壤。每杯播 7 ～ 8 粒种子，并覆盖沙土 1 厘米左右。播后需经常浇水，保持营养土经常湿润。

栽培技术

油松种子一般在春季播种，8 ～ 9 月雨季即可上山造林。立地选择在海拔 800 米以上的中山为好，低海拔不适宜在干旱阳坡。常用的整地方法有：水平条、水平沟整地、鱼鳞坑整地和反坡梯田整地。油松山地造林比较合理的密度是 420 ～ 1650 株 / 公顷，按造林区域所处的气候带、立地条件和经营条件的不同分别确定。

春季造林应用较广，应掌握适时偏早的原则，即在土壤解冻后尽快栽植。造林以穴植法为主，要求做到穴大根舒、深植埋实。裸根苗造林中，要求在起苗、包装、运输中保护好苗根，不受风吹日晒，不受热发霉，不受机械损伤；栽植中防止窝根；栽植后保证苗木与土壤的紧密接触。油松飞机播种造林应用广泛。

◆ 主要用途

油松是城市园林绿化和营造名胜古迹风景林的好树种，是山地沟壑营造水源涵养、水土保持等防护林的优良树种。油松木材属硬松类，其木材较坚硬，强度大，耐摩擦，纹理直，可作建筑、桥梁、矿柱、枕木、电杆、车辆、农具、造纸和人造纤维等用材。油松树干可采割松脂，提制松节油和松香，树皮可提取栲胶。针叶可提取挥发油，油残渣可提取松针栲胶。松花粉（含淀粉 20%）外用为撒粉剂，可防治汗疹，也可作创伤止血剂，更是高级营养保健品。

樟子松

樟子松是松科松属树种，为欧洲赤松的地理变种。国家三级保护渐危种。别称海拉尔松。

樟子松主要天然分布于中国大兴安岭北部，向南分布到内蒙古呼伦贝尔市红花尔基，最南到兴安盟的伊尔施，小兴安岭中部北坡以北也有其天然分布。樟子松在其天然分布区以外被广泛引种栽培，已经成为东北林区四大针叶造林树种之一，以及"三北"防护林地区主要针叶造林树种。

◆ 形态特征

樟子松为常绿乔木，高可达 25 米，胸径可达 0.8 米。树冠卵形至广卵形；老树皮黑褐色，鳞片状开裂，树干上部树皮呈褐黄色或淡黄色，薄片脱落。1 年生枝淡黄褐色，2 ～ 3 年生枝灰褐色。叶 2 针 1 束，粗硬，稍扁，微扭曲，长 4 ～ 9 厘米。5 ～ 6 月开花，球果翌年 9 ～ 10 月成熟。球果卵圆形或长卵圆形，长 3 ～ 6 厘米，直径

樟子松

2 ～ 3 厘米；鳞盾常肥厚隆起向后反曲，鳞脐小，疣状突起，有短刺，易脱落。种子黑褐色，长卵圆形或倒卵圆形，微扁，长 4.5 ～ 5.5 毫米，千粒重约 6 克。樟子松按树干中上部树皮颜色可分为黄皮型（青皮）、红皮型（褐皮型）、暗黄皮（黑皮或灰皮）型。从树冠上可分为宽冠型和窄冠型等。

◆ **培育技术**

樟子松天然更新非常好，在有种源条件下，可以充分利用天然下种更新。主要采用播种育苗方式培育实生苗造林。播种前低温层积催芽。人工植苗造林应特别注意保护苗木根系，可以采用 1 年生裸根苗移植培育容器苗的方式，采用容器苗造林。干旱地区造林应充分考虑土壤水分供应情况，整体密度不宜过大。

◆ **用途**

樟子松具有很大的生态适应幅度，能够耐干旱、耐严寒、耐瘠薄，根系可塑性大、穿透力强，不苛求土壤，具备生长快、产量高、材质好、用途广的特点，是优良的用材林和荒山绿化与水土保持林、水源涵养林、

农田防护林、防风固沙林、草牧场防护林以及"四旁"绿化的造林树种。

　　樟子松主要用于荒山荒地造林和"三北"防护林区营造防护林，东北东部山地樟子松主要营造用材林。材质接近于红松，是良好的建筑、造船、桥梁、水闸板、桩木、车辆、电杆及制造家具等用材，同时也是良好的造纸用材。由于樟子松树形优美，观赏价值大，且适应性强，因此在城市绿化中也被广泛应用。

侧　柏

　　侧柏是柏科侧柏属乔木树种。又称香柏、柏树、扁柏。是中国重要的园林绿化及防护林树种。

　　侧柏是中国特产，分布广泛、栽培历史悠久。除青海、新疆外，自内蒙古南部、东北南部，经华北向南达广东、广西北部，西至陕西、甘肃，西南至四川、云南、贵州、西藏德庆和达孜等地均有分布，黄河及淮河流域为集中分布地区。

◆ **形态特征**

　　侧柏属温带树种，常绿乔木。树皮淡褐色或灰褐色，纵裂成条片。幼树树冠卵状尖塔形，老树树冠广圆形；着生鳞叶的小枝扁平，直展，两面均为绿色。鳞叶长 1～3 毫米，交互对生，先端微钝，背部有纵凹槽。雄球花黄色，卵圆形，长约 2 毫米；雌球花近球形，蓝绿色被白粉，径约 2 毫米。球果长卵形，长 1.5～2 厘米，种鳞 4 对，扁平，背部上端有一反曲的小尖头，种子长卵形，长 4～6 毫米，无翅，或顶端微有短膜。花期在 3～4 月，果实成熟期在 9～10 月。

◆ 生长习性

侧柏为喜光树种，主要分布在低山阳坡和半阳坡。幼苗和幼树都耐庇荫，在郁闭度 0.8 以上的林地中，天然下种更新良好。20 年生以后，需光量增大，林分郁闭度宜保持在 0.6 ～ 0.8。在年平均气温 8 ～ 16℃，年降水量 300 ～ 1600 毫米的气候条件下生长正常，能耐 -35℃的绝对低温。抗风力弱，在迎风地生长不良。对二氧化硫、氯气、氯化氢等有毒气体抗性中等，对氧化氮、臭氧等烟雾及硫酸雾的抗性较弱，抗烟力较差。

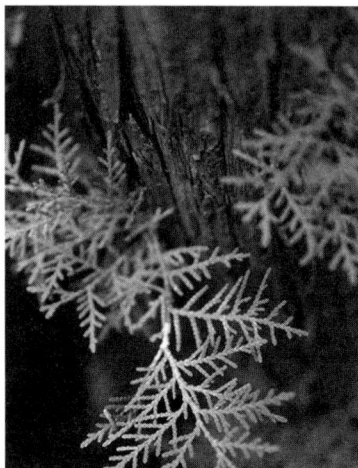

侧柏叶

侧柏能耐干旱贫瘠的生境，可生长于一般树种难以生存的陡坡石缝中，在高山区、石灰岩山地、岩石裸露的低山和土壤瘠薄的条件下也能生长，但多为疏林。喜钙质土，在 pH5.0 ～ 8.0 范围内都能生长，以 pH7.0 ～ 8.0 为最好。在薄土至中土层中，为具有垂直根的水平根型，在厚土层中为斜生根水平根型，并且根基四周均具有密集的细根，具有极强的吸水能力和原生质忍耐脱水能力，因而抗旱性强。不耐水涝，排水不良的低洼地上易于烂根而死亡。抗盐碱能力强，在土壤含盐率 0.3% 的情况下也能生长，在土壤含盐量 0.2% 以下时，生长良好。

◆ 培育技术

侧柏采用播种育苗方式，苗木一般需要培育 1.5 年后才能出圃。如培养绿化大苗,需经 2 ～ 3 次移植,培养成根系发达、冠形优良的大苗后再出圃。造林地宜选海拔 1000 米以下的阳坡、半阳坡,石质山地、干旱瘠薄的地方,轻盐碱地和沙地均可作为造林地,但严重盐碱地和低洼易涝地不宜造林,避免风口造林。在干旱、瘠薄的石质山区阳坡,应边整地边造林。一般采用水平阶、水平沟、反坡梯田、鱼鳞坑、穴状整地等方法。造林苗木通常选用 1 ～ 3 年生裸根苗、1 ～ 2 年生容器苗、2 ～ 3 年生移植苗。一般 2 年半生移植苗高 50 ～ 70 厘米,地径 0.6 ～ 1.5 厘米。在造林后 3 ～ 4 年内,每年松土除草 3 次,以促进迅速生长。第一次在 4 月下旬,第二次在 7 月份,第三次在 10 月上旬。侧柏中幼林阶段宜采用机械抚育法,按事先确定的行距和株距,机械地确定采伐木。

◆ **主要用途**

侧柏是重要的荒山造林、园林绿化和绿篱树种。其材质有光泽且耐腐蚀,是重要的建筑、造船、桥梁、家具等用材,其种子、根、枝、叶、树皮等均可入药。

白 杨

白杨是杨柳科杨属的一组落叶乔木。

白杨组包括银白杨、山杨、美洲山杨、欧洲山杨、毛白杨、响叶杨、河北杨、新疆杨、银灰杨、大齿杨等 10 余种,通称为白杨。主要分布于北半球。中国产 6 种,2 变种。

◆ **分布**

白杨主要分布在亚洲、欧洲、北美洲以及非洲北部,垂直分布为海拔 50 ～ 3800 米，分别占据不同的生态区域。中国可见于西北、东北、华北、华东、华南、华中及西南，其中毛白杨、响叶杨、河北杨是中国特有种。山杨主要分布区在中国。银白杨、银灰杨和欧洲山杨在中国只在新疆额尔齐斯河流域有天然分布。

◆ **形态特征**

白杨树干高大挺拔。树皮光滑，灰绿至灰白色，皮孔菱形，老树基部黑灰色，纵裂。叶芽卵形，冬芽和幼枝密生白色茸毛。长枝叶宽卵形或三角状卵形，先端短渐尖，基部心形或平截，边缘具波状齿牙或深裂，叶背密被茸毛。叶柄上部扁，顶端常有 2 ～ 4 腺体。短枝叶卵形或卵圆形，先端渐尖，边缘具波状齿牙，初有白茸毛，后渐脱落。花单性，雌雄异株，花芽卵圆形或近球形，柔荑花序，苞片密被长毛。雄花序长 5 ～ 20 厘米，雄蕊 5 ～ 12 枚，花药红色或黄色；雌花序长 5 ～ 12 厘米，雌蕊心皮 2 个，柱头红色，2 裂或 4 裂。果圆锥形或长卵形，2 瓣裂。花期在 3 ～ 4 月，果期在 4 ～ 5 月。

◆ **生长习性**

白杨具有深根性，喜光喜肥，生长迅速，材质优良，冠形优美。不同种对土壤、热量的要求和耐寒性不同，但都具有一定的耐旱和耐盐碱能力。有根蘖成林等特性，在其自然分布区内多可形成独特的自然景观。

◆ **培育技术**

白杨组树种栽培历史悠久，最早记载见于西晋崔豹的《古今注》（约公元 3 世纪），而白杨遗传改良始于 20 世纪中叶。1946 年，叶培忠在甘肃天水进行了河北杨 × 毛白杨杂交试验。1954 年，徐纬英等获得毛白杨与新疆杨的杂种后代。20 世纪 80 年代初，朱之悌等组织全国 10 个省协作开展毛白杨基因资源收集、保存、种质创新及繁殖技术研究，建立了毛白杨种质资源库，并进一步利用毛白杨天然 $2n$ 花粉授粉杂交，在中国首次选育出 27 个生长材质俱优的白杨异源三倍体。通过国家良种审定的白杨品种有三毛杨 7 号、三毛杨 8 号、毅杨 1 号、毅杨 2 号、毅杨 3 号、北林雄株 1 号、北林雄株 2 号等。

在白杨繁殖方面，东魏贾思勰在《齐民要术》中记载当时采取埋条繁殖的方法。中华人民共和国成立初期主要采取断根促进根蘖，进而通过分株或埋条法繁殖。此后，山西、山东、河北等地采用扦插易生根的大官杨为砧木，通过"接炮捻"枝接、"一条鞭"芽接等方法繁殖。在此基础上，朱之悌等研究出毛白杨多圃配套系列育苗新技术，解决了白杨无性繁殖材料幼化、复壮以及大规模扩繁的难题。

在白杨栽培方面，孙时轩最早在中国开展了毛白杨沙地造林施肥试验。造林可采用 1 ~ 2 年生优良无性系品种苗木，定植密度为 560 ~ 1650 株 / 公顷。贾黎明团队采用节水灌溉和随水施肥制度进行三倍体毛白杨纸浆林抚育管理，年均蓄积增长量达 30 米^3/（公顷·年）以上，比对照提高 40% 以上。

◆ **主要用途**

白杨木材质软，可用于建筑、家具以及胶合板、密度板、纸浆生产等，也可用于防护林建设和园林绿化。《齐民要术》记载了毛白杨作为养蚕架横档木、屋椽和房梁的栽培利用周期，"三年，中为蚕樀；五年，任为屋椽；十年，堪为栋梁"。而从北周庾信"新年鸟声千种啭，二月杨花满路飞"的诗句，可知毛白杨在古都长安园林中的利用。现河北、山东、河南、甘肃等地仍可见到一些 300 ～ 600 年生古树。

枫 杨

枫杨是胡桃科枫杨属落叶乔木。别称大叶柳。

◆ 分布

枫杨广泛分布于中国南亚热带和暖温带地区，东起台湾地区和福建、浙江，西至甘肃文县、四川、云南，南起广东沿海，北至河北遵化，共跨越 17 个省（区）。多垂直分布在海拔 500 米以下，但在四川、云南等省可达 1000 米以上，在秦岭可达 1500 米。中心栽培区为长江中下游地区。

◆ 形态特征

枫杨高可达 30 米，胸径可达 1 米。裸芽，密被锈褐色毛，雄花芽具短柄，卵状椭圆形。羽状复叶，叶轴有窄翅，顶生小叶有时不发育，小叶 9 ～ 23 片，矩圆形或窄椭圆形，叶缘具细锯齿，下面脉腋有星状毛。雌雄同株，雄花序生于叶腋，雌花序生于枝顶。果序下垂，坚果近球形，两侧具矩圆形果翅。

◆ 生长习性

枫杨是喜光树种，不耐庇荫。耐湿性强，但不耐长期积水和水位太高之地。深根性树种，主根明显，侧根发达。萌芽力很强，生长很快。对有害气体二氧化硫及氯气的抗性弱。

◆ 培育技术

枫杨的繁殖以播种育苗为主，也可扦插或压条。8 月上旬果实成熟，可随采随播，也可去翅晾干或拌沙贮藏，春季播种。造林宜选择地势平坦、水源充足、排水良好、土壤深厚肥沃的沙壤地，通常用于四旁栽植，或营造小片纯林。培育干形优良的枫杨防风护堤林，初植密度株行距 2 米 ×3 米，5 ～ 6 年后进行隔株间伐；四旁栽植为 3 米 ×4 米。造林后可以耕代抚，在秋冬季节生长停止时或早春进行整形与修枝。伐根萌芽力很强，采伐后可采用萌芽更新。主要病害有白粉病、丛枝病，为害害虫有黑跗眼天牛、桑雕象鼻虫、枫杨灰褐圆蚧、柳白圆蚧等。

◆ **主要用途**

枫杨木材色灰褐色至褐色，纹理常具交错结构，材质轻软，容易加工，主要用作房屋、桥梁、家具、农具、茶叶箱，以及火柴和人造棉的原料。树皮内皮层含纤维素多（60% ～ 80%），纤维拉力大（平均 20 千克），可制上等绳索。树皮煎水可治疗疥癣和麻风溃疡。在血吸虫危害地区，常用树叶杀灭钉螺。枝叶茂密，根系发达，是护岸林和行道树的优良树种，也是重要园林绿化树种。

木 棉

木棉是被子植物真双子叶植物锦葵目锦葵科木棉属的一种落叶大乔木。又称英雄树、攀枝花。名出《本草纲目》。

木棉主要分布在亚洲热带湿润低地森林，多见于河边，常以孤立木出现在分布区北部及西部海拔 50 ～ 1700 米的干旱河谷地区。中国产于云南、四川、贵州、广西、广东、福建、海南、台湾等地的热带、亚热带地区及干热河谷。在亚洲的印度、巴基斯坦、尼泊尔、不丹、斯里兰卡、马来西亚、印度尼西亚、菲律宾等国和中南半岛地区，大洋洲的巴布亚新几内亚和澳大利亚北部都有分布。

木棉高 10 ～ 25 米，树干基部密生瘤刺。幼树的树干通常有圆锥状的粗刺，分枝平展。掌状复叶，小叶 5 ～ 7 片，长圆形至长圆状披针形，长 10 ～ 16 厘米，宽 3.5 ～ 5.5 厘米，顶端渐尖，基部阔或渐狭，全缘，两面均无毛，羽状侧脉 15 ～ 17 对，上举，其间有 1 条较细的 2 级侧脉，网脉细密，两面微凸起。叶柄长 10 ～ 20 厘米。小叶柄长 1.5 ～ 4 厘米。托叶小。先花后叶，木棉花单生枝顶叶腋，通常红色，有时橙红色，稀红黄色至淡黄色，直径约 10 厘米。萼杯状或钟状，

木棉花

长 2 ～ 3 厘米，外面无毛，内面下部 2/5 密被淡黄色或褐色绢毛，毛可长至花萼裂口下 5 毫米处。萼齿 3 ～ 5，半圆形，高 1.5 厘米，宽 2.3 厘米，有时最大一个裂片顶端凹裂。花瓣镊合状排列，肉质，近条形、倒卵状长圆形，长 8 ～ 10 厘米，宽 3 ～ 4 厘米，两面被星状柔毛，但内面较疏，或仅边缘有疏毛。雄蕊约 60，雄蕊管短，花丝较粗，基部粗，向上渐细。内轮部分花丝上部分 2 叉，中间 10 枚雄蕊较短，不分叉。外轮雄蕊多数，集成 5 束，每束又由 2 枚雄蕊组成的 5 小束组成，较长，中间 1 束包裹子房，由每束 3 雄蕊的 5 小

束组成。花柱长于雄蕊，柱头 5，子房被白色丝状毛。蒴果长圆形，钝，长 10 ～ 15 厘米，粗 4.5 ～ 5 厘米，密被灰白色长柔毛和星状柔毛。种子多数，倒卵形，光滑，成熟时包藏于白色丝状长绵毛中。木棉的花期在 3 ～ 4 月，果夏季成熟。

木棉花的雄蕊在有些地方被用作蔬菜，干花可以做茶或汤。种子毛是做枕头的优良材料。有些地方将其用作行道树，木棉是中国广州市的市花。

女　贞

女贞是被子植物真双子叶植物唇形目木樨科女贞属的一种常绿乔木或大灌木。名出《神农本草经》。

女贞分布于中国长江以南至华南、西南各省区，向西北分布至陕西、甘肃。朝鲜也有分布，印度、尼泊尔有栽培。生于海拔 2900 米以下疏、密林中。

女贞高可达 25 米，枝条有明显的皮孔，无毛。叶革质而易碎，卵形、宽卵形、椭圆形或卵状披针形，长 6 ～ 12 厘米，宽 3 ～ 8 厘米，先端锐尖至渐尖或钝，基部圆形或近圆形，有时宽楔形或渐狭，叶缘平坦，上面光亮，两面无毛，中脉在上面凹入，下面凸起，叶柄长 1 ～ 3 厘米，上面具沟，无毛。圆锥

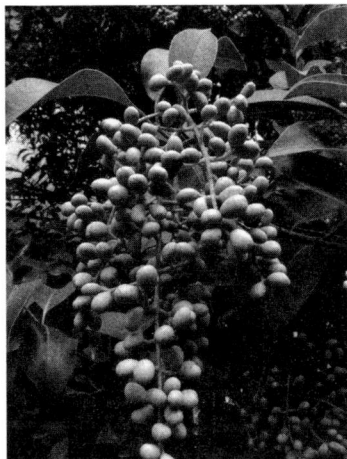

女贞的核果

花序较大，顶生，花序基部苞片常与叶同型，小苞片披针形或线形，凋落，花近无梗；花萼钟状，4浅裂；花冠4裂，管部与裂片约等长，反折，白色；雄蕊2，生花冠管喉部，伸出花冠外；雌蕊1，子房上位，球形，花柱圆柱形，柱头棒状。女贞的核果浆果状，长椭圆形或近肾形，幼时绿色，熟时蓝黑色，被白粉；种子1～2个。花期在5～7月，果期7月至翌年5月。

女贞树用途广，种子油可制肥皂；花可提取芳香油；果含淀粉，可供酿酒或制酱油；枝、叶上放养白蜡虫，能生产白蜡，蜡可供工业及医药用；果入药称女贞子，为强壮剂；叶药用，具有解热镇痛的功效；植株可作丁香、桂花的砧木或行道树。

毛 竹

毛竹是禾本科竹亚科刚竹属植物。是中国特有的重要笋材两用经济竹种。又称楠竹、孟宗竹。

◆ 名称来源

毛竹由比利时植物学家 J.A.H.H. 勒艾于1906年命名，种加词 *edulis* 意思为可吃的，即该竹子的竹笋可食用。

◆ 分布

毛竹广泛分布于中国长江以南各省区，浙江、福建、江西和湖南四地是毛竹分布中心。毛竹在中国自然分布的北界在大别山山区。山东、河南、陕西等地有引种栽培，由于中国毛竹分布范围广，多变的地貌和气候造成毛竹垂直分布比较复杂。总体上，在中亚热带和北亚热带地区通常分布在海拔 800 ～ 1000 米，南亚热带地区通常分布在海拔 1000 ～ 1300 米。毛竹在唐代被引种到日本，19 世纪被引种到欧洲，20 世纪初被引种到美洲。

◆ **形态特征**

毛竹的地下茎单轴散生型，竹茎秆大型，高可达 20 米以上，粗达 18 厘米左右，秆环不显著隆起。新竹茎秆密被细柔毛和白粉，老时脱落。箨鞘背面密被棕色刺毛，具深褐色斑点和斑块，箨耳微小，繸毛发达，箨舌强隆起，边缘具粗长纤毛，箨片较短，三角形至披针形，外翻。叶片较小，披针形。

◆ **生长习性**

毛竹喜温暖湿润气候，生长的适宜条件一般年均温 14 ～ 20℃，1 月平均温度 1 ～ 8℃，极端最低温度 -15℃左右，年降水量 800 ～ 1800 毫米，尤其是在春季发笋季节需要充裕的水湿条件，但不耐积水淹没。毛竹在黄棕壤、红壤、黄壤地区，土层深厚、湿润、疏松、肥沃、排水良好的酸性沙壤土上生长最好，pH 为 4.5 ～ 7。干燥、多风、贫瘠的山脊、陡峭的山坡和容易积水的洼地均不宜发展竹林。

◆ **培育技术**

毛竹通常采用母竹移栽造林，有条件时也可以采用实生苗造林。毛竹林经营的关键技术是竹林结构调控，地上部分立竹度一般控制在 3000 ～ 3750 株 / 公顷。伐竹的原则是砍小留大，砍弱留强。适度采收冬笋和春笋也是调控竹林地上结构的重要手段，留笋养竹主要是留发笋盛期健壮的竹笋，每公顷留 600 ～ 750 株。通过清理伐竹留下的竹蔸和挖掘 5 年生以上的老鞭进行地下结构的调整，为新鞭和新笋的发育提供充足的空间。

◆ 系统位置

毛竹已发现的种以下的变型和栽培型多达 20 余个。其中大多具有较高的观赏价值，如龟甲竹、花毛竹等。由于高强度的人工经营，导致土壤地力衰退，竹林生产力下降。创新生态培育技术是维护毛竹林可持续经营的重要途径。

◆ 主要用途

中国人工经营的毛竹林约350万公顷，年产鲜笋150万吨，竹材1.35亿根，约合 2000 万立方米木材。竹材除少部分用于传统的农业和渔业外，主要用于制造各类竹胶合板，广泛用于建筑、家具制造、室内装潢等领域。

早园竹

早园竹是禾本科竹亚科刚竹属一种植物，是耐寒性较强的笋材两用竹种。

◆ 名称来源

早园竹由美国竹子分类专家 F.A. 莫古理于 1945 年命名，种加词 *propinqua* 意思为接近的，意指在形态特征与淡竹和毛环竹相近。

◆ 分布范围

早园竹是刚竹属分布较广的竹种之一。产于中国河南、山东、江苏、上海、安徽、浙江、湖北、贵州和广西等地。1928 年，莫古理将该竹子从中国广西梧州西江引入美国。德国、比利时也有栽培。

◆ **形态特征**

早园竹是地下茎散生单轴，竹茎秆高达 7 米，直径达 3 ～ 4 厘米，新秆无毛、初时绿色，后逐渐被白粉，尤其是节下有厚的白粉环。秆环微隆起，与箨环同高。箨鞘背面淡红褐色或黄褐色，另有颜色深浅不同的纵条纹，无毛，亦无白粉，上部两侧常先变干枯而呈草黄色。无箨耳和鞘口繸毛。箨舌拱形，边缘生短纤毛。箨片披针形，绿色，背面带紫褐色，平直，外翻。

◆ **生长习性**

早园竹的最适气候条件为年降水量 800 毫米以上，平均气温 12 ～ 18℃，极端最低气温不低于 -15℃。长江流域笋期 4 月上旬开始，可持续到 5 月中旬；黄河流域笋期 4 月下旬或 5 月上旬，与雨季的迟早相关。早园竹喜温暖湿润气候，但有较强的耐寒、耐旱能力，北京以南地区选择背风向阳的环境均能露地安全越冬。

◆ **培育技术**

早园竹通常采用母竹移栽造林。选择 1 ～ 2 生、生长健壮、无病虫害的母竹，挖掘时土球 ≥ 30 厘米，留枝 4 ～ 6 盘，剪去 1/3 的枝条长度。竹苗长途运输应用油布覆盖竹株，减少水分蒸发。长江流域可选择秋季或春季发笋之前栽植，黄河流域宜在春季土壤开冻后栽植。成林经营管理一般立竹度控制在 1.5 万～ 1.8 万株 / 公顷。1 年、2 年、3 年生竹秆的比例各占 30% 左右。

桑

桑是桑科桑属一种落叶乔木或灌木。

◆ 名称来源

桑由瑞典植物学家 C.von 林奈于 1753 年命名，发表于《植物种志》。种加词 *alba* 表示其植株具有白色乳汁。

◆ 分布

桑原产于中国中部和北部，约有 4000 年的栽培史，由东北至西南各省区、西北至新疆均有栽培，以长江中下游各地栽培最多。朝鲜、日本、蒙古、中亚各国、俄罗斯、欧洲等地，以及印度、越南亦有栽培。

◆ 形态特征

桑高 3～10 米或更高，树皮厚，灰色，具不规则浅纵裂；冬芽红褐色，卵形，芽鳞覆瓦状排列，灰褐色，有细毛；小枝有细毛。植物体中有白色乳汁，叶互生，卵形或广卵形，长 5～15 厘米，宽 5～12 厘米，先端急尖、渐尖或圆钝，基部圆形至浅心形，叶裂或不裂，叶缘有锯齿，叶柄基部侧生早落性托叶。穗状花序，花雌雄异株或同株，果实肉质肥厚，相集而成为聚花果或称桑葚，成熟时红色或暗紫色。花期在 4～5 月，果期在 5～8 月。

◆ 生长习性

桑喜温暖湿润气候，稍耐阴。气温 12℃ 以上开始萌芽，生长适宜温度 25～30℃，超过 40℃ 则受到抑制，降到 12℃ 以下则停止生长。耐旱，不耐涝，耐瘠薄。对土壤的适应性强。垂直分布大都在海拔 1200 米以下。

◆ **培育技术**

　　桑是种子繁殖或嫁接繁殖。种子繁殖时间以冬、春植为主。冬植多在小寒至大寒节气桑树休眠时进行。为使桑树速生早成园和持续高产，栽植前要平整好土地，开好排水沟，深翻土层，施足基施，基施以土杂有机肥为主。每亩施土杂肥5000～10000千克、磷肥25～50千克。栽植桑苗时要分级栽培，栽植深度一般以桑苗根茎交界部

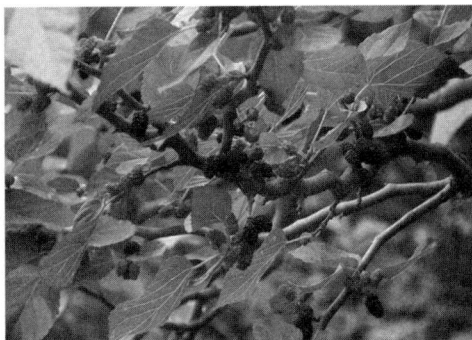

桑树

位埋入土中3厘米为宜。桑苗要直立，土壤要踏实。植后浇足定根水，并淋1～2次水，在桑苗未发芽前，在距地表面2～3个芽处剪去上部枝。苗高3～4厘米间苗，去弱留强并补苗。春、秋季按株距10～15厘米定苗。

◆ **主要用途**

　　桑木材质坚硬，可制作家具、乐器、农业生产工具、雕刻和造纸原料等。如用来做弓，称作桑弧。叶为养蚕的主要饲料，亦作药用。桑的树皮可用作药材和造纸。桑葚味甜，可食用，还可以酿酒，称桑子酒。

观叶树种

南洋杉

　　南洋杉是南洋杉科南洋杉属乔木。

◆ **分布**

南洋杉原产于南美、澳大利亚及太平洋群岛、大洋洲东南沿海地区。中国广东、福建、海南、云南、广西均有栽培。

◆ **形态特征**

南洋杉在原产地高达 60 ~ 70 米，胸径达 1 米以上。树皮灰褐色或暗灰色，粗，横裂。大枝平展或斜伸，幼树冠尖塔形，老则成平顶状，侧生小枝密生、下垂，近羽状排列。叶二型，幼树和侧枝的叶排列疏松，开展，锥状、针状、镰状或三角状，长 7 ~ 17 毫米，基部宽约 2.5 毫米，微弯，微具四棱或上（腹）面的棱脊不明显，上面有多数气孔线，下面气孔线不整齐或近于无气孔线，上部渐窄，先端具渐尖或微急尖的尖头。大枝及花果枝上的叶排列紧密而叠盖，斜上伸展，微向上弯，卵形、三角状卵形或三角状，无明显的脊背或下面有纵脊，长

南洋杉

6 ~ 10 毫米。雄球花单生枝顶，圆柱形。球果卵形或椭圆形，长 6 ~ 10 厘米，径 4.5 ~ 7.5 厘米；苞鳞楔状倒卵形，两侧具薄翅，先端宽厚，具锐脊，中央有急尖的长尾状尖头，尖头显著向后反曲。

◆ **生长习性**

南洋杉喜土壤肥沃，生长较快，萌蘖力强，抗风性强。冬季需充足阳光，夏季避免强光暴晒，不耐北方春季干燥的狂风和盛夏的烈日，在

气温 25 ～ 30℃、相对湿度 70% 以上的环境条件下生长最佳。盆栽要求疏松肥沃、腐殖质含量较高、排水透气性强的培养土。

◆ 培育技术

南洋杉常采用扦插繁殖；播种法繁殖因种皮坚实、发芽率低，故种前最好先破种皮，以促使其发芽。南洋杉喜光，幼苗喜阴，喜暖湿气候，不耐干旱与寒冷。

◆ 主要用途

南洋杉树形高大，呈尖塔形，枝叶茂盛，姿态优美，为世界著名庭园树之一，和雪松、日本金松、北美红杉、金钱松一起被称为世界五大公园树种。宜独植作为园景树或纪念树，亦可作行道树。宜选择无强风地点种植，以免树冠偏斜。南洋杉是珍贵的室内盆栽装饰树种，幼苗盆栽适用于一般家庭客厅、走廊、书房的点缀及作为圣诞树；也可用于布置各种形式的会场、展览厅；还可作为馈赠亲朋好友开业、乔迁之喜的礼物。同时，南洋杉材质优良，是澳大利亚及南非重要的用材树种，可供建筑、器具、家具等使用。

银 杏

银杏是银杏科银杏属落叶乔木。别称白果、公孙树。中生代以前在全球广泛分布，有 3000 多年历史，现存 1 纲 1 目 1 科 1 属 1 种，野生稀有。世界上许多国家已引种栽培。

◆ 形态特征

银杏树高可达 40 米；胸径达 4 米。树皮浅灰色或灰褐色，在老树上纵向裂缝；树冠冠状圆锥形至宽卵形；长枝浅棕黄色，最后为灰色；短枝灰黑色，密实，有不规则椭圆形叶瘢痕；冬芽黄棕色，卵形。叶柄柄长 3～10 厘米，多为 5～8 厘米；叶片浅绿色，秋天变亮，黄色；在长枝上，叶片常以深的顶端缺裂，常分成 2 个裂片，分别进一步分离；在短枝上，叶片具有波状边缘。雌雄异株。花粉圆锥形象牙色，长 1.2～2.2 厘米；花粉囊舟形，缝隙狭窄。银杏的种子椭圆形、窄倒卵球形、卵球形或近球形，纵径 2.5～3.5 厘米，横径 1.6～2.2 厘米；外种皮草黄色、橙黄色或青绿色，常被白粉，成熟时具有酸臭味；中种皮硬骨质、白色，有 2 或 3 条纵脊；内种皮浅红棕色、膜状。胚乳肉质。开花授粉期在 3～4 月，种核成熟期在 9～10 月，每千克 300～400 粒。

◆ **生长习性**

银杏适宜在酸性、排水良好、pH5～5.5 的黄壤土种植。在中国浙皖交界的天目山、渝贵边界大娄山有野生状态银杏古大树。安徽、福建、甘肃、贵州、河南、河北、湖北、江苏、江西、陕西、山东、山西、四川、云南、台湾等地分布广泛，种植海拔达 2000 多米。对气候、土壤的适应性较宽，能在高温多雨及雨量稀少、冬季寒冷的地区生长，但生长缓慢或不良，中国除黑龙江、内蒙古、青海、西藏、海南以外，其余各地均有栽培。

◆ **培育技术**

银杏的繁殖方式以播种、扦插、嫁接育苗为主。①播种。选择良种催芽，有室内恒温催芽、室外催芽、加温催芽等，春播为主，点播或机械播种，播后覆土 2～3 厘米。②扦插。穗条选择 30 年以下优株的 1～3

年生枝条,秋末冬初或早春采条,剪成 15 ~ 20 厘米长插穗,每穗 3 个以上饱满芽,插穗捆扎,用适当浓度的生长调节剂浸泡,在 3 ~ 4 月进行。插穗露出地面 1 ~ 2 芽,盖土压实,注意保持空气湿度,提倡高温高湿育苗,适时遮阴、追肥、防治病虫害。③嫁接。选择树龄 30 ~ 50 年生优良采穗树的树冠外围、中上部、向阳面的 1 ~ 3 年生枝条作为接穗。随采随接或以发芽前 10 ~ 20 天采集,剪成 15 ~ 20 厘米长、带 3 ~ 4 个芽的枝段,下部插入干净水桶吸水充足,下端 1/3 埋放室内通风的湿沙中贮藏。萌芽后至秋季落叶前均可进行嫁接,以春季为主。方法有劈接、切接、插皮接、插皮舌接等,成活后进行抹芽除萌、松绑、剪砧、缚梢等管理。

◆ **生态造林**

银杏的实生苗造林需 20 年左右时间开花结实,嫁接苗造林则 5 年始实,7 ~ 10 年丰产。造林地要地势空旷、阳光充沛,土层深厚,质地疏松,排水良好,地下水位低的平原和土层深厚肥沃,雨量充沛的丘陵和山地。栽植苗木应选生长健壮、树形端正、根系健全发达、无病虫害的苗木。可以采用矮干密植(行距 2 ~ 4 米,株距 4 米)和乔干稀植(行距 4 ~ 8 米,株距 6 ~ 8 米)方式造林。幼林期注意松土除草、施肥灌溉、间作,整形修剪和花实控制。叶用林选择交通方便,地势平坦,阳光和水源充足,排水良好,土壤深厚肥沃的地方,灌排水系统到位。选择叶产量高、药用成分含量高的品种作为造林材料,利于机械化作业。叶用林需要施用养体肥、萌动肥、壮枝肥、茂叶肥等四时肥。注意根据墒情进行灌排,忌积水,实施矮林作业,提高叶产。材用林优选雄株,采用生长健壮、树型良好、有完整的根系、无病虫害的大苗大穴造林，栽后要适时施肥、灌排、间作和树体整理、间伐。

◆ **主要用途**

银杏树可以分核用、叶用、材用、花用、观赏用等几大类型。选育的品种、优良株系需要系统整理、测定。木材可用于家具制造，叶子可药用和做农药、肥料，根药用，树皮产单宁，外种皮用于农药，种仁不宜多食。

梧 桐

梧桐是被子植物真双子叶植物锦葵目锦葵科梧桐属的一种落叶乔木。又称青桐。名出《尔雅》。原产于中国，自华南至华北广泛栽培。

梧桐高达 16 米。树皮青绿色，光滑。单叶，大，互生，心形，长达 30 厘米，掌状 3～7 浅裂至深裂，下面有星状毛，叶柄稍长于叶。圆锥花序生于小枝顶端，长 20～50 厘米。花小，淡绿白色，功能性单性或杂性，同株；萼裂片 5，条状披针形。无花瓣，雄花雄蕊 15，结合成柱状。雌花心皮 3～5，合生，子房 5 室，花柱基部连合，柱头 5，每室有胚珠 2 至多数。果由 3～5 膜质蓇葖组成，蓇葖长 6～11 厘米，外面被淡黄色绒毛，成熟时沿腹缝线 5 裂，开裂成叶状，

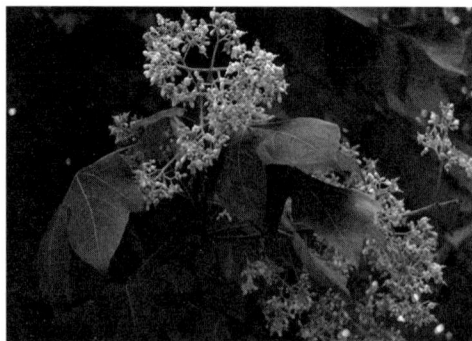

梧桐的花序

裂瓣膜质，长 7 ～ 11 厘米，向外反卷呈匙形，每蓇葖内有种子 2 ～ 4 个，着生在叶状果皮边缘。种子圆球形，径 6 ～ 8 毫米，棕褐色，种皮皱缩，表面呈网状凹形。花期在 6 ～ 7 月，果期在 9 ～ 10 月。

梧桐为著名的庭园树木，作为观赏树木已有 2000 年以上的历史，适应性强，自华南至华北多栽植为行道树。木材轻软，色白，为制乐器的良材。树皮纤维可造纸和编绳。种子炒熟后可食或榨油。叶、花、根、种子均可入药，能清热解毒、祛湿健脾。

观果树种

柿 树

柿树是柿树科柿树属一种落叶大乔木。中国原产的古老果树之一。

◆ 名称来源

柿树由瑞典博物学家 C.P. 桑伯格（Carl Peter Thunberg，1743 ～ 1828）于 1780 年命名。种加词 *kaki* 为柿子在日本的俗名。

◆ 分布

柿树原产于中国长江流域。中国也是柿树栽培最多的国家，除黑龙江、吉林、内蒙古、宁夏、青海、新疆、西藏以外，其他地区均有分布，其中以黄河流域的陕西、山西、河南、河北、山东 5 省栽培最多，栽培面积占全国的 80% ～ 90%，产量占全国的 70% ～ 80%。国外柿树分布亦广，亚、欧、非洲均有栽培。其中以日本较多，朝鲜、意大利次之，印度、菲律宾、澳大利亚也有少量栽培。

◆ 形态特征

柿树高达 10～14 米，胸径达 65 厘米，高龄老树有的高达 27 米。树皮深灰色至灰黑色，或者黄灰褐色至褐色，沟纹较密，裂成长方块状；枝开展，带绿色至褐色，无毛。叶纸质，卵状椭圆形至倒卵形或近圆形，通常较大，长 5～18 厘米，宽 2.8～9 厘米，先端渐尖或钝，基部楔形，钝，圆形或近截形；叶柄长 8～20 毫米，无毛，上面有浅槽。雌雄异株，但间或雄株中有少数雌花、雌株中有少数雄花的，花序腋生，为聚伞花序。花期在 6～9 月，球果在 9～10 月成熟。

◆ 生长习性

柿树对温度条件的要求不高，一般年平均温度 9℃以上，绝对低温在 -24℃以上的温度条件下均可生长，但要求气、光条件。柿树较喜湿润，要求土壤湿度比较稳定，湿度变化过大容易引起柿树落果。

柿树根系强大，对土壤适应性较强，但土层深厚、排水良好、含有丰富腐殖质的土壤或黏壤土更适合柿树的生长。过于贫瘠的土壤，枝条生长不良，落果多。柿树最适宜的是钙质土，pH 为 6～8。

◆ 培育技术

柿树有嫁接法和播种法两种繁殖方式，生产上多用嫁接法繁殖。柿树嫁接后 5～6 年即可开始结果，10～12 年后进入盛果期，经济寿命可达 100 年以上。实生树结果较晚，播种后 7～8 年才开始结果。幼龄柿树的长势旺盛，新梢年生长量可达 1 米以上；除春季生长外，在夏、秋季节，往往还有二次或三次生长。幼树定植后，一般 5～6 年开始结果，7～8 年生进入盛果期，20～50 年为结果最盛期，之后则随着树龄的增长，树势逐渐变弱，产量开始下降，应在加强土肥水综合管理的基础上，及时更新复壮。柿树的树冠较为开张，自然更新能力比较强，在一般的栽培条件下，结果年限可达百年以上；在良好的管理条件下，树龄可长达300年以上。

◆ **多样性**

中国学者对柿品种分类进行了探讨。牟云官依据果实形态，将柿品种分为大果类和小果类两类。大果类又细分为高圆类、扁方类、托柿类、牛心类和油柿等品种群；小果类包括很多原生种，类型多样但经济价值不高。这种分类系统包括中国绝大多数柿品种，但仍然是人为分类，不能反映品种间的亲缘关系。王仁梓等提出过根

柿树

据果实甜涩、成熟期、大小、形状、用途等指标的意见，作为品种识别和商品生产的依据尚可，但作为一种品种分类体系则尚待完善。

◆ **主要用途**

柿子色泽鲜艳，柔软多汁，香甜可口，老少喜食。据测，每100克柿子含碳水化合物15克以上，糖分28克，蛋白质1.36克，脂肪0.2克，磷19毫克，铁8毫克，钙10毫克，维生素C 16毫克，还含有胡萝卜素等多种营养成分。它既可生食，也可加工成柿饼、柿糕，并可用来酿酒、制醋等。生柿能清热解毒，是降压止血的良药，对治疗高血压、痔

疮出血、便秘有良好的疗效。柿树在园林中孤植于草坪、旷地，或列植于街道两旁，尤为雄伟壮观。又因其对多种有毒气体抗性强，并能吸收有害气体，有较强的吸滞粉尘的能力，因此常被用于城市及工矿区的道路两旁，用于广场、校园绿化也颇为合适。

石　榴

石榴是桃金娘目千屈菜科石榴属小乔木或灌木果树。

石榴起源中心位于伊朗、阿富汗等中亚地区，向东传播到印度和中国，向西传播到地中海周边的国家及世界其他各适生地。一般认为，是张骞出使西域（公元前 138～前 125）时引入中国的。

◆ 形态特征

石榴在热带是常绿树，在其他地区为落叶树。小枝具 4 棱，先端常刺尖，有短枝。叶倒卵形、椭圆形或窄椭圆形，长 2～9 厘米，无毛；叶柄长 0.2～1 厘米。萼筒红色或黄白色；花瓣红色、粉色、白色、黄色及复色等，花瓣有单瓣和复瓣之分；子房具叠生子室，下部 3～7 室，为中轴胎座，上部 5～7 室，为侧膜胎座。浆果近球形，单果重 100～700 克，外种皮肉质多汁，内种皮木质。石榴的花期在 5～6 月，果期在 9～10 月。

石榴

石榴栽培品种多，依据用途分为花石榴和食用石榴，风味有甜、微甜、微酸、酸等，依果皮颜色分为黑皮、紫皮、红皮、青皮和白皮，依内种皮木质化程度分为硬籽、半软籽和软籽。

◆ **生长习性**

石榴在中国分布范围横跨热带、亚热带、温带 3 个气候带，年平均气温 10.2～18.6℃，≥10℃年积温为 4133～6532℃·日，年日照时数为 1770～2665 小时，年降水量 55～1600 毫米，无霜期 151～365 天。在土壤方面，适应热带、亚热带、温带的 20 余个土壤类型，土壤 pH4.0～8.5。适应性与抗病虫害能力强，易管理，不耐严寒。

◆ **栽培技术**

繁殖方法主要有扦插法、实生法、嫁接法、压条法、分株法和组培法等。石榴在中国栽培历史悠久，主要栽培区位于山东峄城、安徽淮北和怀远、陕西临潼和礼泉、河南荥阳和开封、云南蒙自和建水、四川会理、新疆和田和喀什及河北元氏等地。

◆ **主要用途**

石榴果实可用于鲜食、制汁、酿酒、医药等，叶片可制茶，石榴根皮、树皮和果皮用作鞣皮、制革和印染等工业原料。其抗氧化能力居果品之首，被誉为"超级水果"。

观花树种

醉鱼草

醉鱼草是被子植物真双子叶植物龙胆目玄参科醉鱼草属一种灌木。

名出《本草纲目》。

醉鱼草分布于中国安徽、福建、广东、广西、贵州、湖北、湖南、江苏、江西、四川、云南、浙江等地；生于海拔 200～2700 米的山间小道、溪边、林缘等。

醉鱼草高 1～3 米。茎皮褐色；小枝具四棱，棱上略有窄翅；幼枝、叶片下面、叶柄、花序、苞片及小苞片均密被星状短茸毛和腺毛，无托叶。叶对生，萌芽枝条上的叶为互生或近轮生。叶柄长 1～7 毫米。叶片膜质，卵形、椭圆形至长圆状披针形，长 3～11 厘米，宽 1～5 厘米，先端渐尖，基部楔形，边缘全缘或具有波状齿；上面深绿色，幼时被星状短柔毛，后变无毛，下面灰黄绿色；侧脉 6～8 对，明显。穗状聚伞花序顶生，长 4～20 厘米，宽 2～4 厘米；苞片线形，长达 10 毫米，基部者呈叶状。花萼钟状或瓮状，长 2～4 毫米，外面密被毛，混

醉鱼草

有腺毛和星状毛。花冠紫色，芳香，长 13～20 毫米，内面被柔毛；花冠管长 11～17 毫米，中部以下弯曲，上部直径 2.5～4 毫米，下部直径 1～1.5 毫米，外面被毛，混有腺毛和星状毛。花冠裂片近圆形，长 2～3.5 毫米，宽 2～3 毫米；雄蕊着生于花冠管近基部，花丝极短，花药卵形，顶端具尖头，基部耳状。子房卵形，长 1.5～2.2 毫米，

直径 1～1.5 毫米，无毛；花柱长 0.5～1 毫米，柱头棍棒状，长约 1.5
毫米。蒴果长圆状或椭圆状，长 4～6 毫米，直径 1.5～2 毫米，基部
常有宿存花萼。种子淡褐色，小，斜四面体形，边缘有狭翅。花期在 4～10
月，果期在 8 月至翌年 4 月。

醉鱼草可入药，含黄酮类、苯丙素酚苷类、环烯醚萜苷类、倍半萜
和二萜类、三萜与皂苷等多种化合物，具有抗菌消炎、抗氧化、镇静止
痛、保肝利尿等作用，用于治疗流行性感冒、慢性支气管炎、支气管哮
喘、咳嗽、哮喘、风湿关节痛、蛔虫病、钩虫病、跌打、外伤出血、流
行性腮腺炎、瘰疬。也可作观赏植物。

桂 花

桂花是木樨科木樨属常绿灌木或小乔木，是中国著名的香料植物和
园林观赏植物。

◆ 名称来源

该属于 1790 年由葡萄牙植物学家和传教士昂·德·洛雷罗（Joao
de Loureiro，1717～1791）建立，属名 *Osmanthus* 中"osme"意为香味，
"anthos"意为花，指花芳香。

◆ 分布

桂花分布于亚洲东南部和美洲，中国是现代分布中心，主产南部和
西南地区。

◆ 形态特征

桂花叶对生，单叶，叶片厚革质或薄革质，全缘或具锯齿。雄花、

两性花异株，聚伞花序簇生于叶腋，或再组成腋生或顶生的短小圆锥花序；花萼钟状，4裂；花冠白色或黄白色，少数栽培品种为橘红色，呈钟状，圆柱形或坛状；雄蕊常2枚，柱头头状或2浅裂；不育雌蕊呈钻状或圆锥状。果为核果，椭圆形或歪斜椭圆形，内果皮坚硬或骨质，常具种子1枚。

◆ 生长习性

桂花适应于亚热带气候，喜温暖、湿润，不耐寒。适宜生长气温是15 ～ 28℃。湿度要求年平均75% ～ 85%，年降水量1000毫米左右，特别是幼龄期和成年树开花时需要水分较多，遇到干旱会影响开花，强日照和隐蔽对其生长不利。桂花适宜在土层深厚、排水良好、肥沃、富含腐殖质的偏酸性沙质壤土中生长。

◆ 培育技术

桂花育苗方法有播种法、扦插法、压条法、嫁接法、分株法、组培法等，其中以播种法和扦插法为主。

◆ 主要用途

本属植物的花都具有芳香味，具有重要香料和园林观赏用途。

◆ 系统位置、多样性与保护

参照APG-IV（Angiosperm Phylogeny Group IV）分类系统（由被子植物系统发育研究组建立的被子植物分类系统第四版），本属属于唇形目木樨科，约30种，本属与木樨榄属、流苏属等近缘。该属植物中约有18种为中国特产，且多为芳香植物，具有重要开发利用潜力，需加强种质资源保护。

蜡　梅

蜡梅是蜡梅科蜡梅属落叶或半常绿灌木。

◆ 名称来源

蜡梅是 1762 年由瑞典植物学家 C.von 林奈提出的，当时置于美国蜡梅属中，拉丁学名为 *Calycanthus praecox*，后法国学者 J.L.A. 路易斯雷和英国学者 J. 林德利均认为 *Calycanthus praecox* 是一个新属的代表，他们提出了蜡梅属，蜡梅种的学名是 1822 年德国学者 F. 林克重新确定的。

◆ 分布

蜡梅原产中国中部山区，湖北保康县、重庆巫山县等地均有大面积分布。因其适应性很强，在中国热带、亚热带和暖温带 3 个气候带的区域内，均有栽培和天然分布。北起北京以南地区，西至陕西秦岭东南地区，东到江苏、上海、浙江、福建，南至广东和广西北部，其中以长江流域栽培最为广泛。

◆ 形态特征

蜡梅常丛生。幼枝四方形，老枝近圆柱形，灰褐色，有皮孔。叶对生，纸质至近革质，卵圆形、椭圆形至卵状披针形，近全缘。长 2 ～ 18 厘米，宽 2.0 ～ 2.8 厘米。花单生叶腋，先叶开放，芳香。花被片黄色，无毛，有光泽。外部花被片蜡质，长圆形、倒卵形或椭圆形，内部花被片小，先端钝，基部有爪。瘦果栗褐色，成熟的果托近木质，坛状、长圆状椭圆形。花期在 11 月至翌年 2 ～ 3 月，果期在 6 ～ 7 月。

◆ 种类

蜡梅属有 6 种 1 变种，均原产于中国，即蜡梅、柳叶蜡梅、山蜡梅、浙江蜡梅、突托蜡梅、西南蜡梅及其变种贵州蜡梅。依内被片紫纹的有无或多少，将蜡梅品种划分为 3 个品种群：素心蜡梅品种群、乔种蜡梅品种群和红心蜡梅品种群，该分类方法符合"二元分类法"的原则和相关法规。

◆ 生长习性

蜡梅性喜阳光，但亦耐阴。在自然立地条件下蜡梅多分布在半阴坡或半阳坡的山坡基部，河溪两岸土壤湿润的地方。耐旱怕涝，对土壤适应能力强，喜土层深厚、湿润疏松、排水良好的微酸性土壤。耐寒力强，在不低于 −15℃时都能露地安全越冬。

◆ 繁殖方法

蜡梅的繁殖方法主要有嫁接法、播种法、分株法、扦插法、压条法。采收优良品种的蜡梅母株的种子进行播种，可获得品质良好的实生苗。嫁接多用于繁殖优良植株，砧木一般选用狗牙蜡梅和其他性状较差的实生苗，接穗选 2 年生健壮枝。常用切接法、靠接法和腹接法。蜡梅分株在冬季休眠期进行。普通压条在整个生长期进行均可；拥土压条宜在初夏进行；高枝压条宜在梅雨季节进行。蜡梅发枝力强，耐修剪，扦插适宜时期是 6 月中旬至 8 月上旬，根茎处萌蘖枝旺盛，可做扦插材料。

◆ 主要用途

蜡梅是珍贵的冬季香花树种，著名观赏花木。在中国栽培历史达千年以上。蜡梅是优良的冬季绿化树种，与松、竹等配置可体现冬季景观。蜡梅可作为盆景、盆栽，或折枝整干培养成疙瘩梅、悬枝梅、瓶扇梅等各种造型的桩景。蜡梅也是优良的冬季切花花材，瓶插于室内，满室幽香，使人心旷神怡。此外，蜡梅还有较高的药用价值，蜡梅香味独特，花中含有挥发油，是植物香料中的上品。

樱　花

樱花是蔷薇科李属樱亚属观花树木的统称。

樱花广泛分布于北半球的温带与亚热带地区，亚洲、欧洲至北美洲均有分布，但主要集中在东亚地区。中国西部、西南部及日本、朝鲜一带集中了世界樱亚属植物的大部分种类。同亚属植物全世界有150多种，中国拥有该亚属植物44种。樱花在中国栽培观赏已久。据《广群芳谱》记载，晋代时宫廷中已有樱花树栽植；中晚唐时，樱花已成为重要的观赏花木，开始普遍作为歌咏对象出现在诗文中。

◆ 形态特征

樱花为落叶乔木。树皮灰或黑褐色、棕色，具皮孔，皮横裂或纵裂。叶柄有腺点，叶卵形、卵状椭圆形、矩圆形，叶缘常具锯齿。花先叶开放或与叶同时开放，数朵花形成伞形、伞房或短总状花序，花白色、粉红色、红色、绿色或黄色，花期2～5月。核果成熟时肉质多汁，红色、紫红色或黑色，不开裂；核球形或卵球形，表面平滑或有棱纹。

关山樱

◆ 种类

樱花种类繁多，根据花

期不同（以当地东京樱花为参照），可分为早樱、中樱、晚樱；根据花瓣数量不同，可分为单瓣（5～10瓣）、半重瓣（11～20瓣）、重瓣（21～50瓣）、菊瓣（51瓣以上）；根据花色不同，可分为白色、红色、粉红色、深红色、黄色、绿色等。中国樱花主要栽培品种为东京樱花（染井吉野）、关山樱、寒绯樱、椿寒樱、阳光樱、八重红枝垂、云南冬樱花、山樱花、迎春樱、尾叶樱、初美人、福建山樱花、河津樱、普贤象、松前红绯衣、郁金等。樱花在日本栽培较为普遍，品种有300多个。

◆ **繁殖与栽培**

樱花繁殖主要采用播种、扦插、嫁接、压条等方法。砧木可采用播种或压条繁殖，栽培品种需要嫁接繁殖，嫁接砧木可用山樱花、寒绯樱、华中樱、尾叶樱、草樱等。喜光，根系浅，不耐涝，喜深厚肥沃且排水良好的土壤。

◆ **主要用途**

樱花是早春著名的观花树种，早春伊始，繁花竞放，轻盈娇艳，如云似霞，引人入胜。宜成片群植，也可丛植于草坪、林缘、路旁、溪边、坡地等处，或在居住区、公园道路两侧列植形成夹道景观。福建、云南等地将寒绯樱或高盆樱种植在茶园内形成绿茶红樱的绯红景观，尤为壮观。

梨

梨是梨属植物的栽培种或栽培类型。

按照传统的形态学分类，梨属植物属于蔷薇科、苹果亚科或梨亚

科。蔷薇科分子系统发育研
究将蔷薇科的亚科分为蔷薇
亚科、桃亚科和仙女木亚科。
在新的蔷薇科分类系统下，
梨属被归于桃亚科下苹果族
的苹果亚族。一般认为，梨
属植物的原种起源于第三纪

梨树

的中国西部或西南部的山区地带。从起源地向外扩散，分化形成了形
态各异和生理特性有差异的梨属植物，有约 20 个基本种，其分布横跨
欧亚大陆和北非地区。

◆ **栽培历史**

梨的栽培历史悠久，在东西方都有 3000 年以上的历史。与梨属植
物自然区分为西方梨和东方梨一样，栽培梨也分为西洋梨或欧洲梨和亚
洲梨或东方梨。根据基本种的地理分布和果实大小将其分为四大类，即
亚洲产豆梨类、亚洲产大中果型梨类、西亚种类、北非及欧洲种类。前
两类即所谓的东方梨，后两类则为西方梨。

西洋梨

西洋梨主要栽培于东亚以外的欧洲、中亚、西亚、非洲、美洲和大
洋洲的国家或地区。除此之外，在中国北方一些地区和日本也有少量商
业化栽培。西洋梨原产于中欧、东欧和西亚一带。著名的西洋梨品种有
英国品种康弗伦斯和威廉姆斯（美国名为巴梨），法国品种安久、博斯
克、考密斯，意大利品种阿巴特，西班牙品种布兰基亚，葡萄牙品种罗

莎，澳大利亚品种帕克汉姆。西洋梨中有多个红色品种或红色芽变品种，如红巴梨（包含 3 个无性系）、新红星（也称红茄梨），原产于德国但在南非广为栽培的佛洛儿等。西洋梨大多为梨形，采收后一般不能直接食用，需要后熟变软才能食用。西洋梨可溶性固形物较高，甜酸适口，后熟后具有浓郁的香味。

亚洲梨

亚洲梨主要栽培于东亚的中国、日本、韩国和朝鲜，其他国家鲜有栽培。与西方梨中只有一个主要的栽培种不同，亚洲梨中分化出不同的栽培种或类型，主要有秋子梨、白梨、砂梨、日本梨，另外也有局限于个别地区的新疆梨和其他一些种类的栽培类型。①秋子梨。被认为是由野生秋子梨驯化而来，原产于东北地区，在华北和西北部分地区也有栽培。秋子梨品种是由野生秋子梨和白梨或砂梨杂交而来。著名的秋子梨品种有南果、华盖、尖把梨、京白梨和软儿梨等。秋子梨果实较小，果重大都在 100 克以下；与西洋梨相似，果实采后一般需要后熟变软，具有浓郁的香气。②白梨。指栽培于黄河流域及北方的大果型梨品种，长久以来被归于白梨。国外学者认为白梨是中国北方的杜梨和当地的大果型品种杂交而来，并非白梨品种的野生种。多个研究小组利用 DNA 标记进行的独立研究表明，白梨品种和砂梨品种具有非常近的亲缘关系。参照《国际栽培植物命名法规》（ICNCP），有学者建议将白梨作为砂梨的一个生态型或品种群归于砂梨白梨组名下。属于白梨的著名品种主要有河北的鸭梨、秋白梨和雪花梨，山东的莱阳慈梨或茌梨，安徽的砀山酥梨和甘肃的大冬果梨等，这些品种至今仍为全国性或地方性的主栽品种。③砂梨。砂梨同白梨一样，果实肉质松脆，不需要后熟即可食用。砂梨品种原产于中国长江流域及其以南地区，果实大小、色泽和形状的变化在亚洲梨中最为丰富。砂梨广泛分布和栽植于中国南方地区，北方地区也多有引种栽培。著名的品种有云南宝珠梨和火把梨，贵州的兴义海子梨和威宁大黄梨，四川的苍溪雪梨，浙江的早三花梨和雁荡雪梨，福建的政和大雪梨和棕包梨。④日本梨。日本梨品种原产于日本，著名品种有二十世纪、长十郎、晚三吉、幸水、丰水、新水和新高等。日本梨主要栽植于日本，中国南北方、韩国均有大量引种栽培，澳大利亚、美国及巴西等国家也有少量商业化栽培。中国的梨育种工作者利用日本梨品种与中国地方品种杂交，培育出黄花、翠冠、黄冠、雪青、中梨 1 号、清香等新品种，成为全国性或地方性的主栽品种。新疆梨局限于新疆、甘肃和青海地区，可能起源于中国白梨和西洋梨的杂交，著名品种有库尔勒香梨和兰州长把梨等。

◆ **种质资源**

梨种质资源包括梨属植物种、品种及近缘植物。梨属植物由于种间不存在生殖隔离，种间杂交较为普遍，给梨属种的准确分类带来很多困难。包括基本种在内的梨属种在 30 个左右，中国原产的有 13 个，但只有砂梨、秋子梨、杜梨、川梨和豆梨等被认为是基本种，其余都属于种间杂种。全世界的梨品种在 7000 个以上，其中原产于中国的有 3000 个以上。19 世纪初，一些国家开始对梨属植物种质资源进行收集和保存。位于美国俄勒冈州的国家无性系种质资源圃保存了来自全世界 20 多个国家最完整的梨属种和品种，保存份数多达 2300 份以上。欧洲的意大利、法国、比利时、俄罗斯等国家主要保存以西洋梨品种为主的梨种质资源数千份。中国梨种质资源主要保存在国家果树种质兴城梨、苹果圃和国家果树种质武汉砂梨圃中，共保存 15 个种、1400 多份资源。浙江大学等单位的科学家利用 DNA 标记和序列分析，对中国原产的杜梨、川梨和豆梨等野生种和主要栽培类型的遗传多样性进行了评价。南京农业大学等单位的科学家于 2012 年完成世界上第一个梨基因组的测序，基因组大小为 527 兆碱基对（Mb）。

◆ 形态特征

梨树主要器官有根、茎、叶、花、果实和种子。

根

梨的根主要可分为主根和侧根。主根是由种子胚根发育而来向垂直方向分布的粗大根。当主根生长到一定长度时，就会从内部侧向生出许多支根，称为侧根。主根和侧根之间往往形成一定的角度，起吸收、支持和固着作用。当侧根生长到一定长度时，又能生出新的次一级的侧根，多次反复形成梨树复杂、庞大的根系。

茎

梨树的茎是地上部分的主轴，支持着叶、芽、花、果，并使它们在空间上形成合理的布局，适于进行光合作用。茎亦是梨树体内物质运输的主要通道，根部吸收的水、矿物质以及在根中合成或贮藏的有机物质通过茎输送至地上各部分，叶的光合产物也通过茎输送到植株各部分备用或贮藏。茎上着生枝条，枝条上有叶和芽（在生殖生长时期还有花和果），芽是枝条或花序的原始体。

叶

一枚完整的梨叶由叶片、叶柄和托叶3个部分组成。叶片形状主要有圆形、卵圆形、椭圆形和披针形，叶片近叶柄的一端称为叶基，先端称为叶尖，两缘称为叶缘。多数品种的叶缘为锯齿状，齿尖上有针芒状的刺芒；少数品种叶缘钝锯齿，无刺芒。叶柄是连接叶片与枝条的部分，起支撑叶片的作用。托叶多为线状披针形，但在叶生长的早期自行脱落，所以通常见到的梨叶只有叶片和叶柄两部分。叶片是叶最重要的部分，光合作用和蒸腾作用主要由叶片来完成。梨叶片的叶脉是羽状网状脉，叶脉有支持叶片平展和疏导养分的功能。

花

梨树的花序多为伞房花序，大多数品种每个花序有5～10朵花，边花先开，之后中心花渐次开放。梨花为两性花，杯状花托，下位子房。萼片5片，呈三角形，基部合生筒状。花冠轮状辐射对称，花瓣一般为5枚，白色离生，多为单瓣覆瓦状排列，个别品种偶有重瓣、带粉色。正常花的雄蕊略高于雌蕊，雌蕊高度高于雄蕊的一般为不育类型。梨的花器官由花梗、花托、花瓣、雄蕊（花药、花丝）和雌蕊（柱头、花柱、子房）组成。梨花具雌蕊3～6枚，离生，在品种间和品种内都较稳定。雄蕊15～30枚，分离轮生，花药多为紫红色，也有浅粉、

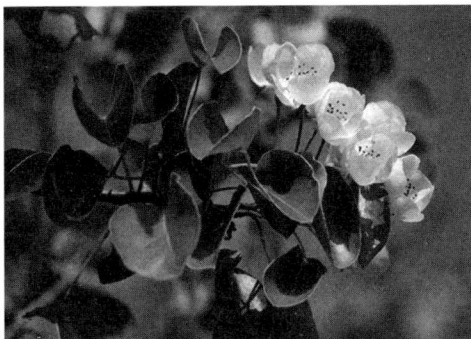
梨花

粉红、红、紫等色泽。雄蕊数量在品种间和品种内都存在明显差异，主要与位于花盘内缘的少数雄蕊花丝短、个别花药败育甚至雄蕊完全退化有关。

果实

梨的果实由下位子房的复雌蕊形成，花托强烈增大、肉质化，并与果皮愈合发育成果实，属于假果。果实形状因种类不同而异，有圆形、扁圆形、卵圆形、倒卵圆形、圆锥形、圆柱形、纺锤形、葫芦形等。砂梨品种果实多为球形或扁圆形，白梨品种果实多为圆形、卵圆形和长圆形，秋子梨的果实多为圆形或扁圆形，新疆梨果实多为卵圆形或葫芦形，而西洋梨果实多为葫芦形。梨果皮颜色多样，总体可划分为绿色（包括绿色、黄色、绿黄色、黄绿色等）、褐色（包括绿褐色、黄褐色、红褐色、褐色等）和红色（包括紫红、鲜红、粉红、条红）。在梨的主要栽培种中，秋子梨和白梨主要为绿皮梨类型，少数为红皮梨类型，稀有褐皮梨类型；砂梨主要为绿皮和褐皮两种皮色类群，少有红皮梨类型；西洋梨主要为红皮梨和绿皮梨类型；新疆梨主要为绿皮梨类型。果实大小因种及品种不同而差异较大，秋子梨果实一般小到中等大，单果重在 35～210 克，平均单果重 84.3 克，最大可达 240 克；白梨平均单果重 151.5 克，金花梨、雪花梨单果重最大可达 750 克；砂梨平均单果重 161.3 克，爱宕梨和洞冠梨最大单果重分别可达 2000 克和 3000 克；西洋梨果实一般小到大型，单果重 36～287 克，平均单果重 152.2 克；新疆梨平均单果重 108.7 克。果实最小的是野生梨，如豆梨、杜梨等单果重 1～10 克，多为葫芦形。

种子

梨的种子多为卵形或卵圆形，稍扁，先端急尖、渐尖或钝尖，基部圆形或斜圆形，先端呈尖嘴状或歪嘴状。成熟种子的颜色多为褐色、黑褐色、栗褐色、灰色、棕灰色。栽培品种的种子具有的普遍特征是种子较大且饱满，种皮局部或全面有光泽，颜色为红褐色居多，种孔端较钝，基部平截。差别较大的主要是种子的形状，如鸭梨种子的形状为平凸面、披针形，丰水梨种子的形状呈披针形，砀山酥梨种子的形状为平凸面、三棱形且种孔端钝。

◆ **生长习性**

梨树年龄时期分为幼树期、结果期和衰老期三大阶段，各个阶段的梨树在形态特征上有明显的区别，且其变化是连续的、逐步过渡的，并无明显的界限。

幼树期

从梨苗木定植到开花结果这段时期。此期主要特征是树体迅速扩大，开始形成骨架。枝条生长势强并呈直立状态，因而树冠多呈圆锥形或塔形。新梢生长量大，节间较长，叶片较大，一年中具有两次或多次生长，组织不够充实，从而影响越冬能力。在此期间，无论是地上部或是地下部离心生长均旺盛，根系生长快于地上部。一般先形成垂直根和水平骨干根，继而发生侧根、支根，到定植 3 ～ 5 年才大量发生须根。随着根系和树冠的迅速扩大，吸收面积和叶片光合面积增大，矿质营养和同化物质累积逐渐增多，为进入开花结果阶段奠定基础。梨幼树期的长短因品种和砧木不同而异，一般为 3 ～ 4 年，其中具腋花芽结果习性的梨一般较早结果。树姿开张、萌芽力强的品种也常表现早果性。使用矮化砧或作曲枝、环剥处理，可提早结果。梨幼树期的长短还与栽培技术密切相关。尽快扩大营养面积、增进营养物质的积累是提早结果、缩短梨幼树期的主要措施，常用的调控措施有深翻扩穴，增施肥水，培养强大根系；轻修剪多留枝、少短截多长放，使早期形成预定树形；适当使用生长抑制剂等，促进幼树进入结果期。

结果期

根据梨树结果状况，结果期分为 3 个阶段。①结果初期。指从开始结果到大量结果前这段时期。该期树体生长旺盛，离心生长强，分枝大量增加并继续形成骨架，根系继续扩展，须根大量发生。结果部位以枝梢上部分、中果枝为主。这一时期所结果实单果重大，水分含量高，皮较厚、肉较粗、味偏酸。随着树龄的增大，骨干枝的离心生长减缓，中、短果枝逐渐增多，产量不断提高。此时梨树体结构已经建成，营养生长从占绝对优势向与生殖生长平衡过渡。此期仍以扩大树冠、培养骨架、壮大根系为主。通过轻剪、重肥、深翻改土等栽培管理措施，着重培养结果枝组，防止树冠旺长，在保证树体健壮生长的基础上迅速提高产量，尽早进入盛果期。②结果盛期。指梨树进入大量结果的时期。此期树冠和根系均已扩大到最大限度，骨干枝离心生长逐渐减缓，枝叶生长量逐渐减小。发育枝减少，结果枝大量增加，由长、中果枝结果为主逐渐转为以短果枝结果为主，大量形成花芽，产量达到高峰且果实的大小、形状、品质完全显示出该品种特性。同时，树冠外围上层郁闭，骨干枝下部光照不良的部位开始出现枯枝现象，导致结果部位逐渐外移，树冠内部空虚部位发生少量生长旺盛的徒长更新枝条，向心生长开始。根系中的须根部分死亡，发生明显的局部交替现象。梨树盛果期持续的时间长短不仅因品种和砧木不同而有很大差异，而且自然条件及栽培技术也有重要的影响。在盛果期，应调节好营养生长和生殖生长之间的关系，保持新梢生长、根系生长和花芽分化、结果之间的平衡。主要的调控措施有加强肥水管理，实行细致的更新修剪，均衡配备营养枝、结果枝和结果预备枝，尽量维持较大的叶面积，控制适宜的结果量，防止大小年结果现象过早出现。③结果后期。此期新梢生长量小，出现中间枝或大量短果枝群。主枝先端开始衰枯，骨干根生长逐步衰弱并相继死亡，根系分布范围逐渐缩小。结果量逐渐减少，果实逐渐变小，含水量少而含糖较多。虽然萌发徒长枝，但很少形成更新枝。生产上常采取相应措施延缓衰老期的到来，如大年要注意疏花疏果，配合深翻改土、增施肥水、更新根系，适当重剪回缩和利用更新枝条；小年促进新梢增长和控制花芽形成量，以平衡树势。

衰老期

梨树衰老期是梨树体生命活动进一步衰退的时期。从产量明显降低到几乎无经济收益。其特点是部分骨干枝、骨干根衰亡，结果枝越来越少，结果少而品质差。由于骨干枝特别是主干过于衰老，更新复壮的可能性很小。

◆ **栽培与管理**

梨是世界性温带果树，在世界各大洲的80多个国家有商业化栽培。中国是世界上最大的梨生产国，栽培面积和产量均占世界的70%以上。在中国，梨的栽培面积和产量在所有水果产业中仅次于苹果和柑橘居第

3位。栽培与管理包括苗木繁育、园地选择、栽植技术，以及土肥水管理、整形修剪等管理措施。

苗木繁育

优质梨苗木是保障梨树正常生长发育，实现梨优质、丰产、高效生产的重要前提，因此梨苗木繁育是梨产业发展的重要基础阶段。中国先后建立了多个部级果品及苗木质量监督检验测试中心，负责苗木质量安全技术咨询和服务，承担苗木质量安全认证检验，并发布相应梨（无病毒）苗木繁育技术规程，规范梨苗木的生产。梨栽培种类和砧木类型较多，长期的人工选育和自然选择形成了各自的适宜栽培区域。不同的砧木类型与不同的栽培梨种类及品种嫁接亲和力也有差异。因此，繁育梨苗木必须根据栽培区域的自然生态条件和梨苗木市场需求，选择适宜的新优品种和砧木类型。

园地选择

梨树为多年生经济作物，经济寿命可达100年以上，苗木繁育对发展梨树生产非常重要。在连片大规模发展梨树时，科学选址、全面规划、精心设计对梨优质安全生产具有十分重要的意义。园地选择要求在气候条件、土壤肥力、地下水位等方面满足梨树生长发育的基本需求。在此基础上，尽量选择远离工业污染和交通便利的地点建园，以达到发展无公害梨果生产、满足消费者需求，以及增加中国梨果在国际市场占有份额、促进梨产业健康持续发展的目的。

栽植技术

在通常情况下，梨树栽植时间以落叶后秋栽为宜；如遇冬旱缺水，则宜春栽。栽植的株行距要根据地形、土壤肥力及栽培模式而定。栽植时，剪去嫁接苗损伤的根系，用泥浆蘸根，有条件的可在泥浆中配入生根粉，以提高栽植成活率。

土肥水管理

梨树幼树以施有机肥为主，勤施薄施化肥。每月施尿素 1 ～ 2 次，注意磷钾肥配合。有条件的梨园应建肥水一体化设施，加强肥水综合管理，提高肥料的利用率，加快树体早成形、早结果。幼树行间可种绿肥或豆类作物，以改良土壤；成年结果树的基肥秋季施入，以农家肥为主。在连续干旱季节应及时灌溉，多雨季节或有积水时应及时清沟排水。

整形修剪

梨树的树形分为有中心干形、无中心干形、扁形、平面形和无主干形。有中心干的树形主要有疏散分层形、纺锤形、"3+1"树形和圆柱形等，无中心干树形主要有杯状形、自然开心形、Y 字形，平面形有平棚架、拱形棚架。中国梨区成年大树多采用疏散分层形，该树形产量较高，但树体高大，疏果、修剪、喷药及采收等操作管理不便。为适应优质生产和机械化作业，生产上采用的梨树新树形主要有圆柱形、细长纺锤形和平棚架树形等。

◆ **病虫害防治**

梨树病害主要有梨黑斑病、黑星病、轮纹病、腐烂病、锈病等，为害害虫主要有梨小食心虫、梨瘿蚊、梨木虱子、梨蚜虫等。梨树病虫害的防控应以预防为主，采取农业、物理、生物等综合防控措施，以减少化学农药的使用，减少农药对果实及环境的污染。农业及物理防治方法主要有加强树体管理，增强树势，提高抗病虫能力，通过土壤深翻破坏害虫越冬场所；休眠期刮除枝干病斑、老翘皮，清除病枝、病叶，刮后喷石硫合剂，减少病虫源；秋季在树干上绑缚瓦楞纸或诱虫带，减少山楂叶螨、梨小食心虫的越冬基数；果园内悬挂迷向丝诱杀梨小食心虫，悬挂糖醋液诱捕器捕杀食心虫、金龟子、天牛等，悬挂黄板诱杀梨茎蜂、蚜虫和梨木虱成虫等。生物防治方法主要有梨园放飞龟纹瓢虫、异色瓢虫、大草蛉、中华草蛉、小花蝽、灰姬猎蝽、草间小黑蛛等益虫，可捕食多种害虫；利用赤眼蜂防治虫害，赤眼蜂可寄生食心虫、玉米螟、松毛虫、棉铃虫、二化螟、三化螟、甜菜夜蛾等多种鳞翅目害虫的卵，使卵不能正常孵化，从而降低虫口数量和蛀果率。化学防治是控制梨树病虫害发生的最有效方法，但生产上提倡减少或不使用化学农药，不使用不符合国家标准的农药，鼓励多使用微生物源、矿物质源、植物源农药来防治梨病虫害，实现梨果的安全绿色生产。

◆ **采后及加工**

梨果实成熟过程是伴随着果实充分发育膨大，果实硬度下降、色泽改变、糖度增加、酸度和涩味下降及香气变化等过程，还包括呼吸速率上升、乙烯大量生成、叶绿素消失等。果实采后一般可分为采收后跃变前阶段、成熟起始阶段、果实达到可食状态阶段 3 个阶段。一般亚洲梨在成熟期采后即可达到食用阶段，而西洋梨类果实须经后熟软化才能达到最佳食用状态。这是因为西洋梨果实属于软肉类型，采收时果实质地较硬，不能直接食用，通常需要后熟。经后熟的西洋梨果实柔软多汁，石细胞少，溶质性好，香气浓郁，品质上等，深受消费者青睐；但经后熟的果实变软,不耐贮运,货架期也较短。

梨果实采后商品化处理主要包括采收、分级、包装、预冷、贮前处理等环节。世界上梨生产的先进国家和地区如欧美、日韩等,梨果实采后商品化处理率高达 90% 以上;中国梨果实采后商品化处理率还不足50%,且采后分级包装技术落后,标准不统一,人工分级和包装仍占多数等。由于机械冷库的贮藏比例及冷链运输等的比例不高,使得中国梨果采后损耗大,高达 10% 以上。

梨果肉一般多汁,既可鲜食,也可加工。梨加工制品按加工方法分为梨罐头、梨汁、梨酒、梨醋、果脯、梨干、梨糖浆、速冻梨果及鲜切果品等产品。其中,梨汁、梨酒、梨醋及罐头是梨果的主要加工产品和方式,梨脯、梨酱、梨干、梨膏也有一定生产和市场规模,其他新兴加工产品也以其独特的口感、丰富的营养而渐渐深入人们的生活。梨加工行业在对传统加工品种进行深入研究的同时,加大了对新产品的开发力度。梨膏、梨醋饮、梨干酒、梨啤酒、鲜切梨等各种类型的新产品相继开发或面市,特别是梨膏、梨醋饮产品得到市场和消费者的认可,提高了梨果加工利用程度。

◆ 价值与用途

梨果实含有多种营养物质,主要有果糖、蔗糖、葡萄糖、山梨醇、苹果酸、柠檬酸、奎宁酸、果胶、纤维素、叶绿素、花青苷和多种维生素等有机质,以及钾、钙、镁和铁等无机成分。秋子梨和西洋梨果实含有独特的香气物质,如酯类、醛类、醇类、酸类及萜类等,给人带来愉悦。中国云南一些地区将酸涩的梨采收后加入用适量甘草、食盐等配制的水，浸泡一定时间后再食用。中国东北和西北地区的晚熟秋子梨果实在采收后常被自然冻结为冻梨，作为贮藏手段和独特的食用方式。另外，中国民间还有煮食冰糖梨水治疗咳嗽的传统。

梨树管理相对容易，定植后第二年即可结果，现代化的密植栽培在栽后第3～4年即可达到盛产，具有良好的经济效益。中国人自古以来就有赏梨花、咏梨花的传统，全国各地举办的梨花节是民众春游赏花的好去处，带动了当地的旅游，增加了梨农的收入。

丁　香

丁香是木樨科丁香属落叶灌木或小乔木的统称。

丁香全属约20种，中国产16种，以秦岭及西南地区所产种类较多。野生种多分布在山地，栽培地区则主要在北方各省。丁香是中国传统庭园花木，有关丁香花较早的文字记载见于唐代诗词。因花筒细长如钉，且花芳香而得名。

丁香植株高2～8米，叶对生，全缘或有时具裂，罕为羽状复叶。

丁香

花两性，呈顶生或侧生的圆锥花序，花色紫、淡紫或蓝紫，偶见白色。花冠细漏斗状，具深浅不同的4裂片。蒴果长椭圆形，室间开裂。

丁香喜充足阳光，也耐半阴。适应性较强，耐寒、耐旱、耐瘠薄，病虫害较少。以排水良好、疏松的中性土壤为宜，忌酸性土，忌渍涝、湿热。对氟化氢有较强的抗性，对煤气和其他有害气体也有一定的抵抗力。以播种、扦插繁殖为主，也可用嫁接、压条和分株繁殖。

丁香花为冷凉地区普遍栽培的花木，花序硕大、开花繁茂、花淡雅芳香，习性强健，栽培简易，适于种在庭园、居住区、医院、学校等园林绿地及风景区。可孤植、丛植或在路边、草坪、角隅、林缘成片栽植，也可与其他乔灌木尤其是常绿树种配植，个别种类可作花篱。亦可盆栽、做盆景或做切花。

紫　薇

紫薇是千屈菜科紫薇属落叶灌木或小乔木。又称痒痒花、痒痒树、紫金花、紫兰花、蚊子花、西洋水杨梅、百日红、无皮树。

紫薇高可达 7 米。树皮平滑，灰色或灰褐色。枝干多扭曲，小枝纤细。叶互生或有时对生，纸质，椭圆形、阔矩圆形或倒卵形。紫薇的花色有玫红、大红、深粉红、淡红色或紫色、白色，直径

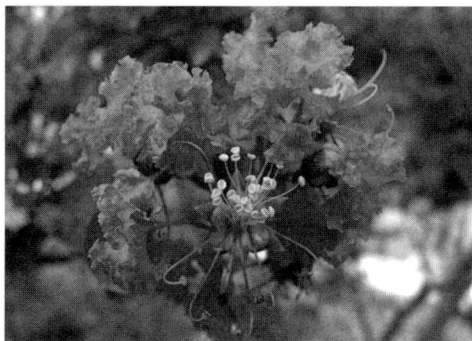

紫薇花

3～4 厘米，常组成 7～20 厘米的顶生圆锥花序。花梗长 3～15 毫米，中轴及花梗均被柔毛。花萼长 7～10 毫米，外面平滑无棱，但鲜时萼

筒有微凸起短棱，两面无毛，裂片6，三角形，直立，无附属体。花瓣6，皱缩，长12～20毫米，具长爪。雄蕊36～42，外面6枚着生于花萼上，比其余的长得多。子房3～6室，无毛。蒴果椭圆状球形或阔椭圆形，长1～1.3厘米，幼时绿色至黄色，成熟时或干燥时呈紫黑色，室背开裂。种子有翅，长约8毫米。花期在6～9月，果期在9～12月。

紫薇树姿优美，树干光滑洁净，花色艳丽。开花时正当夏秋少花季节，花期长，故有"百日红"之称，又有"盛夏绿遮眼，此花红满堂"的赞语，是观花、观干、观根的盆景良材。根、皮、叶、花皆可入药。

杏

杏是蔷薇科李属李杏亚属杏组植物。

蔷薇科李属李杏亚属杏组有8～10个种，包括普通杏、西伯利亚杏、东北杏和梅等。原产于中国，栽培于世界各地温带地区，主要栽培种是普通杏。

普通杏属落叶乔木，主要分布于中国秦岭—淮河以北地区。树冠圆头形，树姿开张。叶宽卵圆形，花单生，花瓣白色或略带粉红色。核果球形，果皮黄色、白色或红色，果肉黄色或乳白色，种子扁卵圆形，味苦或甜。分为欧洲品种群、中亚品种群、中国华北品种群、中国东北品种群等不同

杏树

生态地理品种群。其中，欧洲品种群部分品种自花结实，中国华北或东北品种群多数自花不结实。品种按用途分为肉用、仁用、仁肉兼用和观赏 4 类。肉用杏用于鲜食或制干，品种大多属于普通杏；仁用杏分为甜仁杏和苦仁杏两种，其中甜仁杏多为普通杏或普通杏与西伯利亚杏种间杂种，苦仁杏一般指西伯利亚杏；观赏杏包括普通杏或西伯利亚杏的垂枝、重瓣、粉红色花的不同变异类型。

杏树适应性强，耐干旱而不抗涝。能在各类土壤上生长，以排水良好的沙壤土最为适宜。喜光，耐寒力强，但在北方地区花期易受晚霜危害。常采用嫁接繁殖，主要砧木是本砧和西伯利亚杏。

杏的果实富含铁和维生素 A，肉用杏味甜多汁。杏仁可食用、榨油、入药。新疆南疆的杏干、河北张家口的杏仁和承德的杏仁露、北京的杏脯是中国著名特产。杏树木材坚硬，适于制作抗断和抗压的物品。杏树也是中国"三北"地区重要的防护林和水土保持树种。

桃

桃是蔷薇科李属桃亚属果树树种。

桃起源于中国。桃树在中国是一种古老的果树树种，有 4000 多年的栽培历史，别称佛桃、水蜜桃，民间神话中广传为仙果、寿桃，是中国消费者喜爱的传统水果种类。世界桃生产主要位于北纬 30°～45° 和南纬 30°～45° 地带，世界栽培品种 95% 以上直接或间接来源于中国的"上海水蜜"品种。中国是世界第一大桃生产国，全国各地均有种植，主要集中在黄河流域和长江流域。

◆ **种质资源**

桃包括光核桃、甘肃桃、山桃、新疆桃4个野生近缘种和栽培种桃。桃以自花授粉为主，是木本果树遗传学的模式树种。4个野生近缘种均与桃杂交亲和，产生可育种子。

◆ **形态特征**

桃属于落叶小乔木，高3～5米，光核桃高可达10米。树姿有普通开张形、直立形、帚形、紧凑形、矮化形、垂枝形等。树皮暗红褐色，老时粗糙呈鳞片状。小枝细长，无毛，有光泽，绿色，向阳处转变成红色。叶长11～20厘米，叶宽1～6厘米，叶形有狭叶形、狭披针形、宽披针形、长椭圆披针形、卵圆披针形等。花以复花芽为主，也有单生，先于叶开放。花型有铃形、蔷薇形和菊花形3种，分单瓣、复瓣和重瓣。花色有白色、粉色、红色和杂色嵌合体。果实重20～260克，果形扁平、圆、近圆、卵圆、椭圆和尖圆。果皮底色与果肉颜色相关，果皮盖色为红色，着色程度在25%～100%；果肉颜色有绿色、白色、黄色和红色。肉质有溶质、不溶质和硬质3种类型。核有离核和黏核之分，核纹有沟纹和点纹。种仁味苦，稀味甜。

桃树

◆ **生长习性**

桃适应性广，南方、北方均可栽培。桃需冷量在100～1200小时，也存在常绿桃。喜冷凉干燥的环境，不耐涝，适宜栽种在地势较高、排水完善、阳光充足、土壤肥沃、土质疏松的干燥处。

◆ **主要种类**

桃按用途，可分为鲜食桃、加工桃、观赏桃（碧桃）和砧木。按果实类型，可分为普通桃、油桃、蟠桃和油蟠桃。按果实肉色，可分为白肉桃、黄肉桃和红肉桃。按果实发育期（45～210 天），可分为极早熟桃、早熟桃、中熟桃、晚熟桃和极晚熟桃。加工黄桃一般指制罐用黄桃。

◆ **主要用途**

桃的果实可食，营养丰富，温性养人，汁多味美，富含蛋白质、糖、酸、钙、磷、铁、维生素，红肉桃富含花色苷。根、叶、皮、花、果、仁均可入药，具有营养和医疗作用。

槐 树

槐树是豆科槐属落叶乔木。是中国华北地区乡土树种。

◆ **名称来源**

槐树 1767 年由瑞典植物学家 C.von 林奈命名。属名来自阿拉伯语 sophera，意为蝴蝶花，一种豆科植物，表现了其花冠形态。种加词 *japonica* 意为日本的。

◆ **分布**

槐树自中国东北南部至华南各省均有栽培，华北和黄土高原尤为常见。日本、越南也有分布，欧洲、美洲均有栽培。

◆ **形态特征**

槐树高 15 ～ 25 米。树皮灰褐色，纵裂。奇数羽状复叶，小叶对生，卵状披针形。圆锥花序顶生。萼 5 齿裂，花冠蝶形，白色或淡黄色，雄蕊近分离，宿存。荚果缢缩成串珠状，不开裂。花期在 6 ～ 9 月，果期在 10 ～ 11 月。

◆ **生长习性**

槐树耐寒，喜阳光，稍耐阴，不耐阴湿而抗旱，在低洼积水处生长不良，深根，对土壤要求不严，较耐瘠薄，石灰及轻度盐碱地（含盐量 0.15% 左右）上也能正常生长。但在湿润、肥沃、深厚、排水良好的沙质土壤上生长最佳。

◆ **培育技术**

槐树一般采用播种育苗。11 月果成熟后采种，用水浸泡后搓去果肉，立即播种或者晾干或沙藏至次年春播。播种前 20 天用 80 ～ 90℃热水浸种 4 ～ 6 小时后捞出并掺沙堆积催芽，其间翻动搅拌 1 ～ 2 次，待有 1/4 ～ 1/3 的种子开裂后即可播种。按照 15 厘米 ×60 厘米的株行距栽培。由于槐树主干不易通直，可以在次年春季将 1 年生苗起苗按照 40 厘米 ×60 厘米的株行距重新栽植，多施肥，促使根系强大。当苗高达到 2.5 米时，可将苗木按照 1 米 ×1 米的株行距移栽，

槐树

以后注意修剪培养树冠，直至树冠圆整。

◆ 系统位置

按照由美国植物学家 A. 克朗奎斯特（A.Cronquist，1919 ～ 1992）提出的克朗奎斯特系统分类，蝶形花科属于蔷薇亚纲豆目。按 APG -IV（Angiosperm Phylogeny Group IV）分类系统（由被子植物系统发育研究组建立的被子植物分类系统第四版），槐属于蔷薇亚纲豆目豆科蝶形花亚科。

◆ 主要用途

槐树是良好的行道树、庭荫树。由于耐烟毒能力强，也是工厂矿区良好的绿化树种。夏季优良的蜜源树种。木材坚韧，耐水湿，可供建筑、船舶、家具、农具和雕刻等用。

紫穗槐

紫穗槐是蝶形花科紫穗槐属的一种落叶丛生灌木。又称棉槐、紫花槐、穗花槐。因其花冠呈蓝紫色，总状花序呈穗形而得名。

◆ 分布

紫穗槐原产于北美洲。20 世纪 20 年代引入中国。在中国分布范围北至黑龙江，南至广西，东至浙江，西至新疆、云南、贵州等地区；以黄河流域的陕西、甘肃、

紫穗槐叶、花、果形态

宁夏、内蒙古南部、河南东西部分布最为普遍；分布在海拔 1600 米以下的各种立地上。

◆ **形态特征**

紫穗槐高达 4 米，枝条直伸，树皮暗灰色，幼枝密被毛。奇数羽状复叶，小叶 11 ～ 25 枚，卵形、椭圆形或披针状椭圆形，叶内有透明油腺点。总状花序、顶生、直立。荚果弯曲，长 7 ～ 9 毫米，棕褐色，密被瘤状腺点，不开裂，内含种子 1 粒。花期在 5 ～ 6 月，果熟期在 9 ～ 10 月。

◆ **生长习性**

紫穗槐最适气候条件为年均温 10 ～ 16℃，年降水量为 500 ～ 700 毫米。抗逆性极强，在 1 月平均最低气温 -25.6℃的黑龙江密山尚能正常越冬，在年降水量93毫米、蒸发量2000毫米以上的新疆精河也能生长。耐风蚀、沙埋、沙打能力强，并有一定的抗污染能力。耐涝，短期被水淹而不死，林地流水浸泡 1 个月也影响不大。喜光，稍耐庇荫，在郁闭度 0.5 以下林分能旺盛生长，郁闭度 0.6 ～ 0.7 生长受阻、开花结果受限，0.8 以上濒临死亡。对土壤要求不严，但以沙壤土生长较好。在土壤含盐量0.3% ～ 0.5% 的条件下，也能正常生长。萌芽和萌蘖力强，耐平茬，枝叶茂密，侧根发达。平茬后，当年萌条高 1 ～ 2 米，每丛 20 ～ 30 根，丛幅宽达 1.5 米，根系盘结在 2 平方米内深 30 厘米的表土层。

◆ **培育技术**

紫穗槐主要用种子繁殖。一般播种育苗，播前须碾破荚壳、用温水浸种催芽；也可采用硬枝扦插法育苗。苗木虽受金龟子和象鼻虫为害，但很轻。造林方法有植苗、插条、直播和分根等。植苗造林主要在秋冬季或春季进行，单植或丛植；在春季干旱、风大的地区，可用截干造林。插条造林一般春、秋季均可进行，适用于梯田地埂、渠坎、河滩等土层深厚的地方。直播造林可在雨季前或下过透雨时进行，穴播或条播。造林密度每公顷 4500 ～ 6000 株（穴）。一般在造林后的第 1 年或第 2 年秋季开始平茬，平茬后要松土、培墩，扩大根盘。紫穗槐与油松、侧柏、刺槐、白榆、杨树、沙柳等乔、灌木混交，效果良好。林地主要害虫有大袋蛾和紫穗槐豆象。

◆ 主要用途

紫穗槐的嫩枝叶可作肥料、饲料，枝条可作编织材料、燃料，茎、叶内含苷和单宁等物质，是生物农药的好原料。花为蜜源。荚果和叶肉含有鞣质，可用于制革；荚果也含芳香油，可用于食品工业。种子含油率 15%，可用来制肥皂、漆、甘油和润滑油，种子也富含鱼藤酮、异黄酮等药用成分，具有显著的抗糖尿病、抗肿瘤作用。根系发达，具有根瘤菌，能改良土壤、固沙保土，是保持水土和防风固沙的多用途树种。

绣球花

绣球花是被子植物真双子叶植物山茱萸目绣球花科绣球花属的一种灌木。名出《群芳谱》。

在中国分布于山东、江苏、安徽、浙江、福建、河南、湖北、湖南、广东及其沿海岛屿、广西、四川、贵州、云南等省区。日本、朝鲜有分布。绣球花生于山谷溪旁或山顶疏林中，海拔 380 ～ 1700 米。野生或栽培。

绣球花

绣球花高 1～4 米；茎常于基部发出多数放射枝而形成一圆形灌丛；枝圆柱形，粗壮，紫灰色至淡灰色，无毛，具少数长形皮孔。叶对生，纸质或近革质，倒卵形或阔椭圆形，长 6～15 厘米，宽 4～11.5 厘米，先端骤尖，具短尖头，基部钝圆或阔楔形，边缘于基部以上具粗齿，两面无毛或仅下面中脉两侧被稀疏卷曲短柔毛；叶柄粗壮，长 1～3.5 厘米，无毛。伞房状聚伞花序近球形，直径 8～20 厘米，具短的总花梗，分枝粗壮，近等长，密被紧贴短柔毛，花密集，多数不育；不育花萼片 4，阔物卵形、近圆形或阔卵形，长 1.4～2.4 厘米，宽 1～2.4 厘米，粉红色、淡蓝色或白色；孕性花极少数，萼筒倒圆锥状，长 1.5～2 毫米，与花梗疏被卷曲短柔毛，萼齿卵状三角形；花瓣长圆形，长 3～3.5 毫米；雄蕊 10，近等长；子房大半下位，花柱 3。花期在 6～8 月。

绣球花属于观赏植物。花和叶可入药，治疟疾、心悸烦躁、喉痹、阴囊湿疹等症。

猪笼草

猪笼草是被子植物真双子叶植物石竹目猪笼草科猪笼草属的一种偃状攀缘半灌木。名出《英荤龙府》。

猪笼草分布于中国广东南部、海南。中南半岛也有分布。生长在丘陵灌丛中或酸性沼泽边缘。

　　猪笼草属于食虫植物。单叶，互生，椭圆状矩圆形，中脉延伸成卷须至顶端膨大成囊状体，囊上有盖，盖下有蜜腺，囊面有绳状窄翅，囊内有弱酸性消化液，当小虫吸蜜时落入囊中，即被消化液消化。雌雄异株；总状花序长 20 ~ 50 厘米，被长柔毛，与叶对生或顶生；花小，无花瓣，花被片 4，红至紫红色，椭圆形或长圆形，背面被柔毛，腹面密被近圆形腺体；雄花有雄蕊多数，花丝合生；雌花心皮 4，合生，花柱短，柱头 4 裂，子房上位，4 室，中轴胎座，胚珠多数。蒴果长圆形，室背开裂，种子多数。

　　猪笼草本种常被作为观赏植物在温室栽培。全草可入药，能清热利湿、化痰止咳。

第 2 章

花草

观花植物

郁金香

郁金香是被子植物门单子叶植物纲百合目百合科郁金香属的一种多年生草本植物。

郁金香的本种确切产地和起源还难于考证。依据本属主产于中国新疆和西藏、中亚伊朗和土耳其，以及地中海地区，再考虑其原名是土耳其语"头巾"之意，一般认为原产地大概是在土耳其和地中海一带，后传至荷兰。现世界广为栽培。中国无本种的分布，各地广为引种栽培供春季观赏。

郁金香夏季休眠。地下具鳞茎，鳞茎外纸质，内面顶端和基部有少数伏毛。叶基生 3～5 枚，长条状披针形至卵状披针形，长 20～30 厘米，宽 2～5 厘米。花时从鳞茎生出花葶，花葶长 30～50 厘米。

郁金香

花单朵顶生，大型而艳丽，500多年来已驯化出多种颜色。花被片花瓣状，多为红色、黄色、紫色、深红色或杂色，长5～7厘米，宽3～5厘米，有的为重瓣。雄蕊数6，等长，花丝无毛，花药基着。雌蕊3心皮合生，子房上位，椭圆形，中轴胎座，无花柱，柱头呈鸡冠状，3裂至基部，胚珠多数。蒴果成熟时开裂。花期在3～5月，虫媒传粉。

郁金香为世界范围内广为栽培的著名花卉，具有悠久的栽培历史和丰富的培育品种。截至2020年，全世界已拥有8000多个品种，被大量栽培的大约有150种，已被荷兰、新西兰、伊朗、土耳其、土库曼斯坦等国选为国花。球茎有毒，如果误食可引起呕吐、腹泻。

万寿菊

万寿菊是被子植物真双子叶植物菊目菊科万寿菊属的一种一年生草本植物。万寿菊原产墨西哥，中国引种栽培极广，在广东和云南已归化。

万寿菊高可达1.5米，茎直立，粗壮，具细条棱，分枝向上平展。叶对生，羽状全裂，裂片长椭圆形或披针形，边缘有锐锯齿。头状花序单生，直径5～8厘米，花序梗顶呈棍棒状膨大；总苞杯状，长达2厘米，宽1～1.5厘米，顶端具齿尖；舌状花黄色或暗橙色，舌片倒卵形，长1～4厘米，基部收缩成长爪，顶端微弯缺；管状花黄色，顶端5齿裂。瘦果线形，基部缩小，褐色或黑色，被短微毛。冠毛有1～2个长芒和2～3个短鳞片。花期在6～9月，果期在8～10月。

万寿菊是中国重要的栽培花卉，夏日习见。它耐移植，生长快，易栽培，病虫害少，宜栽种于花坛，也可盆栽。

向日葵

向日葵是菊科向日葵属一年生草本植物。又称葵花。古称丈菊、西番菊、迎阳花。向日葵因幼苗和花盘有向日性而得名，是雌雄同花异花授粉作物。

◆ 起源与分布

向日葵原产于北美洲西南部，其野生种则广泛分布在北纬30°～52°的北美洲南部、西南部以及秘鲁和墨西哥北部地区。早在1493年哥伦布发现新大陆以前，当地居民就把向日葵列为栽培的作物。16世纪初，西班牙探险队员从秘鲁和墨西哥将向日葵种子带到欧洲，最初种在西班牙的马德里植物园作为花卉植物栽培，以后逐步传播到其他国家。到1779年以后，匈牙利人首先从向日葵籽实中提出油脂，其才正式被列为油料作物，栽培面积不断扩大。19世纪中叶，向日葵作为油料作物开始大面积栽培。20世纪60年代以后，向日葵在世界各地得到迅速发展，其中欧盟、俄罗斯、乌克兰、阿根廷、美国、中国、印度和土耳其是世界市场上向日葵的主要生产国或地区。到1974年，全世界向日葵油脂产量已仅次于大豆，而跃居食用油产量的第2位。1985年全世界收获面积约1458.9万公顷，总产量约1907.8万吨，其中苏联收获面积408.5万公顷，总产523.5万吨，居世界第一；美国次之。

约在16世纪末或17世纪初，向日葵传入中国。明天启元年（1621），王象晋著《群芳谱》中已有记载。明、清以来，向日葵在中国民间和各种文献中的别名甚多。长时期仅零星种植供观赏或采收干果食用。2023年播种面积约744.8万亩，总产量为147万吨。中国向日葵主产区分布

向日葵

在北纬 35°～55°的黄河以北省份，即东北、西北和华北地区，包括内蒙古、新疆、甘肃、山西、吉林、辽宁、黑龙江等地区。向日葵的生产潜力很大，可向西南、中南和华东地区扩种。

◆ 形态特征

向日葵根系强大，可深入土层 2～2.5 米，耐旱性强。茎直立，高 0.8～4 米，质硬粗糙被有粗毛，圆形多棱角。叶多为心脏形，叶缘缺刻或锯齿状，密生茸毛。头状花序习称葵花盘，着生于茎秆顶端，直径一般为 20～30 厘米，四周有绿色苞叶。边缘是舌状花，花瓣大，多橙黄色，起引诱昆虫的作用。中间为管状花，花冠 5 裂齿状，多为橙黄色，两性花，雄蕊 5 个聚合一起成聚药雄蕊，雌蕊 1 个。整个葵花盘一般有管状花 1000～1500 朵。果实为瘦果，倒长卵形，俗称葵花子。皮壳有黑、灰白相间、深灰色条纹或白色等，有棱线。油用种粒小，长 8～14 毫米，子仁饱满，皮壳薄，皮壳率 25% 左右，籽实含油率 40% 以上；食用种粒较大，含油率 20%～30%，皮壳率高于油用种。

◆ 类型

油用向日葵

油用向日葵亦称"油葵"，指种子主要作为油料的向日葵栽培类型。多为早熟或早中熟品种，生育期 85 ～ 105 天。植株较低矮，株高 150 ～ 200 厘米，多不分枝。叶片数 30 枚上下。叶片、花盘、籽粒均较小。籽粒较短，多卵圆形，壳薄仁饱。外壳多为黑色或黑灰条纹。种子含油率高，主要用于提取油脂，炒食的风味较次。

食用向日葵

食用向日葵亦称"食葵"，指种子主要供炒食用的向日葵栽培类型。多为中晚熟品种，生育期 110 ～ 140 天。植株高大粗壮，株高 250 ～ 300 厘米，无分枝，或部分植株有分枝。叶片繁茂，总叶片数 40 枚上下。叶片、花盘、籽粒都较大。籽粒多长锥形，壳厚仁不很饱满。外壳多呈黑白相间的条纹。种仁含淀粉、糖分和蛋白质较多，烘炒后香醇酥脆可口，主要供炒食，因含油率低，很少用于提取油脂。

中间型向日葵

中间型向日葵指植株性状、生育性状均介于油用型和食用型之间。若做榨油用，其含油率偏低；若做嗑食用，籽实又嫌小，在国外常用来喂鸟。兼用型向日葵主要用于扒仁，作为植物蛋白质原料。

观赏向日葵

观赏向日葵指主要用于观赏的向日葵类型。植株矮小，枝叶茂密，多分枝、多花盘、花盘小、花色鲜艳，舌状花有黄、橙、乳白、红褐等色，管状花有黄、橙、褐、绿和黑等色。有单瓣和重瓣。花朵硕大，品种繁多，花色丰富，有深红、褐色、铜色、金黄、柠檬黄、乳白等颜色。主要用于插花、切花、盆花、染色花、庭院美化及花境营造等领域。在中国，观赏向日葵消费市场刚刚起步，具有一定的开发潜力。

◆ **主要用途**

向日葵种子含油量高，油质好，是主要油料作物之一，也可直接食用。继大豆、油菜和花生之后，向日葵已成为世界第四大食用一年生油料作物。向日葵油是半干性油，油质优良，气味芳香，除作普通食用油、人造奶油、色拉油外，还供制造油漆、印刷油、润滑油、合成橡胶、肥皂和蜡烛等；油粕营养丰富，含蛋白质 30%～36%，脂肪 8%～11%，糖分 19%～22%，可做糕点馅、酱油、干酪素和味精，也是家禽、家畜的精饲料；脱粒后的葵花盘，含粗蛋白 7%～9%，与燕麦相近，含粗脂肪 6.5%～10.5%，果胶 3%，也是良好的饲料；茎秆可作造纸原料和压制隔音板；皮壳可用以提取活性炭、染料、酒精、糠醛以及制纤维板；茎秆和皮壳的灰分含钾量较高，可作钾肥；向日葵也可作青贮饲料，还是重要的蜜源植物。

向日葵油已经成为北美、俄罗斯及其他东欧国家的主要食用油，东南亚国家的市场需求量也很大。向日葵籽在炒货和籽仁市场中的消费量也非常大，小的向日葵籽在西方国家还用于鸟食和小宠物饲料。

矮牵牛

矮牵牛是茄科碧冬茄属多年生草本花卉。

矮牵牛原产于南美洲的阿根廷，自 1835 年由 W. 赫伯特（William Herbert）育成以后，1849 年又出现重瓣矮牵牛品种，1876 年通过自然突变育成四倍体大花矮牵牛系列。园艺品种极多。

矮牵牛的花形有单瓣、重瓣，瓣缘皱褶或呈不规则锯齿等。花色有红色、白色、粉色、紫色等纯色及带斑点、网纹、条纹等杂色。采用种子繁殖，属长日照植物，生长期要求阳光充足。在正常光照条件下，从播种至开花需 100 天左右。

矮牵牛

矮牵牛属花坛花卉，广泛用于街旁美化和家庭装饰。常作一二年生栽培，播种后当年可开花，花期长达数月。

蜀 葵

蜀葵是被子植物真双子叶植物锦葵目锦葵科蜀葵属的一种一年生或二年生草本植物。又称熟季花、一丈红。蜀葵名出《嘉祐本草》。原产于中国四川，现国内及世界其他各地广泛栽培。

蜀葵茎直立，高达 3 米，无毛至密被星状毛和刺毛。单叶，互生，近圆心形，有时 5～7 裂，径达 20 厘米，两面被星状毛，下面较密，边缘有齿。叶柄长 6～15 厘米，被星状毛。托叶卵形，顶端有 3 尖。花大，两性花，辐射对称，单生于叶腋。花梗长达 1 厘米，花直径 6～9 厘米。副萼 6～9，基部合生，具 6～7 齿。萼钟状，5 齿裂，外面密被星状毛，里面无毛，裂片

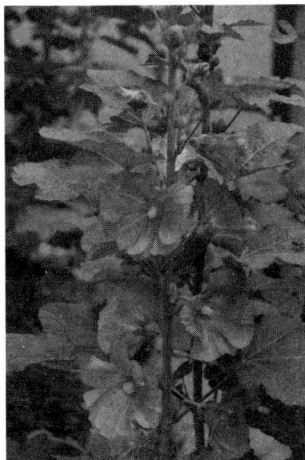

蜀葵

长约 2 厘米。花瓣 5，倒卵状三角形，基部与雄蕊柱联合，仅边缘基部有毛，有红、紫、白、黄及黑紫等各色，有时重瓣，基部具爪。雄蕊多数，花丝结合成筒，称单体雄蕊，上部分离花丝淡白色，无毛，2～3 毫米长，花药一室。心皮约 50，合生，子房上位，花柱下半部合生，比雄蕊柱长，无毛，中轴胎座，多室，每室 1 胚珠。果熟时分裂成分果瓣。

蜀葵为观赏植物。茎皮纤维可代麻用。种子可榨油，花和种子可入药，能利尿通便。不同颜色的品种适合不同的土壤。颜色深的品种喜生长于沙土中，颜色浅的喜生长于黏土中。

百日菊

百日菊是菊科百日菊属一年生草本植物。

百日菊原产于美洲，是阿拉伯联合酋长国的国花。同属全世界有 17 种，中国栽培有 3 种，各地广泛栽培应用。

百日菊的茎直立，高 30～100 厘米，被粗毛或长硬毛。叶对生，全缘，无柄，基部抱茎。头状花序，单生枝端。舌状花红、黄、紫或白等色，舌片倒卵圆形，先端 2～3 齿裂或全缘，上面被短毛，下面被长柔毛。管状花黄色或橙色，先端裂片卵状披针形，上面有黄褐色密茸毛。瘦果。花期在 6～9 月，果期在 8～10 月。种子千粒重 4.67～9.35 克。

百日菊性强健，喜光照，要求肥沃且排水良好的土壤。一般播种、扦插繁殖。

百日菊的品种类型多，有单瓣、重瓣、卷叶、皱叶和各种不同颜色的品种 200 余个。高型品种可用于切花，水养持久；矮型品种用于布置花坛、花境、花带等，也可作盆栽观赏，是夏秋两季园林和绿化不可缺少的花卉。

瓜叶菊

瓜叶菊是菊科瓜叶菊属多年生草本植物。

瓜叶菊原产于非洲西北海域的加那利群岛，最初由野瓜叶菊和物种 *P.lanata* 杂交而成，杂交种于 1777 年在英国首次开花。因植株叶片大如瓜叶而得名。

◆ 形态与种类

瓜叶菊高 30 ～ 70 厘米。茎直立，密被白色长柔毛。叶具柄，叶片大，肾形至宽心形，叶缘不规则浅裂或钝锯齿状。头状花序直径 3 ～ 5 厘米，多数，在茎端排列成宽伞房状。花色丰富，除黄色外其他颜色均有，还有红白相间的复色品种，常见蓝紫色、白色系列。瘦果长圆形，具棱，初时被毛，后变无毛。花期在 1 ～ 4 月。

瓜叶菊

瓜叶菊的园艺品种极多，可分为大花型、星型、中间型和多花型 4 类，不同类型中又有重瓣程度和高度不同的品种。

◆ 栽培管理

瓜叶菊是喜光性植物，冬季室内栽培需要阳光充足才能叶厚色深、花色鲜艳。性喜凉爽气候，不耐夏季炎热高温，生长适宜温度为15℃，尤其在冬季花蕾形成和开花时要注意保持适当的温度。喜富含腐殖质且排水良好的沙质土壤，pH以6.5～7.5较适宜。喜土壤潮湿，但忌积水，忌叶片高湿不通风。生长期每7～10天施一次2%左右的淡饼肥或1%的氮、磷、钾复合肥，交替使用效果更好。瓜叶菊对栽培养护有相对较高的要求，生长期可能出现的病虫害有白粉病、灰霉病、黄萎病、蚜虫、白粉虱、蓟马等，要注意控制湿度，保持良好的通风。

◆ **主要用途**

瓜叶菊常作一二年生栽培。头状花序顶生，繁密如花球，是冬春时节主要的观赏植物之一。常用于宾馆内庭、会场、剧院、公园入口处的花坛布置，通常采用盆栽摆放的形式；也常作为元旦、春节期间室内的观赏植物，可盆栽置于阳台、窗台、案头、几架等。

马蹄莲

马蹄莲是被了植物单子叶植物天南星目天南星科马蹄莲属的一种多年生草本植物。因其花形奇特，洁白的佛焰苞如马蹄而得名。

马蹄莲原产于非洲东南部的莱索托、莫桑比克、斯威士兰等国，已在东非和西澳大利亚归化。全世界广为栽培。中国华东至华南均有栽培。

马蹄莲植株高可达90厘米，地下具块茎。叶全部基生，叶柄长45～75厘米，下部具鞘。叶片绿色较厚，箭形或卵形；先端渐尖、锐尖或具尾尖，基部心形或戟形；全缘，长15～45厘米，宽10～25厘米，下部两侧裂片长6～7厘米。肉穗花序具佛焰苞。花葶从基部伸出。

花序柄长 40 ～ 50 厘米，光滑。佛焰苞长 10 ～ 25 厘米，亮白色，有时带绿色；管部短，淡黄色，上部呈喇叭状，略后仰，先端锐尖或渐尖，具锥状尖头。整个花序圆柱形，黄色，长 6 ～ 9 厘米，粗 4 ～ 7 毫米。

马蹄莲

花单性同株，无花被。雌花序在下部，长 1 ～ 2.5 厘米。雄花序在上部，长 5 ～ 6.5 厘米。雄花具雄蕊 2 ～ 3，花药孔裂。雌花子房 3 ～ 5 室，上部渐狭为花柱，大部分周围有 3 枚假雄蕊，每室胚珠 4，倒生。浆果卵圆形，淡黄色，直径 1 ～ 1.2 厘米，花柱宿存。种子小，倒卵状球形，直径 3 毫米。花期在 2 ～ 3 月，果在 8 ～ 9 月成熟。

马蹄莲是世界性观赏花卉，常作切花花束或地栽、盆栽观赏。块茎可入药，外用具有清热解毒之功效。也可治烫伤，预防破伤风，但是块茎有毒，禁忌内服。

虞美人

虞美人是罂粟科罂粟属一二年生草本植物。常作一年生栽培。虞美人原产于欧洲和亚洲。同属植物约 100 种，主产于欧洲、亚洲、美洲温带地区。中国有 6 ～ 7 种。

虞美人高 30 ～ 80 厘米。全株被柔毛，茎细长，分枝细弱，有乳汁。叶不整齐羽裂。花单生长梗上，未开时苞常下垂，花瓣 4，大型，有紫红、大红、朱砂红、白或具深色斑纹等花色。花期在春夏，每朵花开一二天，每株花蕾众多，观赏期较长。蒴果成熟时孔裂。

虞美人喜温暖、阳光充足和通风良好的环境，宜在疏松肥沃、排水良好的沙壤土生长，忌炎热、高湿。播种繁殖，种子细小，播种要求精细，种子发芽适宜温度为20℃。

虞美人

虞美人适宜在花坛、花境、篱边、路边条植或片植，亦可盆栽。花与果实可入药，种子含油量40%，具香味。

三色堇

三色堇是被子植物真双子叶植物金虎尾目堇菜科堇菜属的一种一年生草本植物。名出《动植物名词汇编》。原产欧洲，中国为栽培种。

三色堇主根短细，灰白色；地上茎高约30厘米。基生叶有长柄，叶片近圆心形，茎生叶矩圆状卵形或宽披针形，边缘具圆钝锯齿；托叶大，

三色堇

基部羽状深裂成条形或狭条形。花大，两性，两侧对称；萼片5，绿色，矩圆状披针形，顶端尖，全缘；花瓣5，近圆形，假面状，有蓝、黄、白各色，最下一花瓣演变成距，距短而钝直；雄蕊5，

下面 2 枚有腺状附属突伸于距内，花药环生于雌蕊的周围；心皮 3，合生，子房上位，1 室，侧膜胎座 3，胚珠多数；蒴果 3 瓣裂，种子多数。花期在 4 ～ 5 月，果期在 7 ～ 8 月。

三色堇为常见的春夏草花，可作观赏植物；也可作药用植物，茎、叶可入药，为止咳剂。

薰衣草

薰衣草是唇形科薰衣草属小灌木。又称狭叶薰衣草、英国薰衣草。

薰衣草起源于地中海地区。薰衣草属中有很多种间杂交种，其中狭叶薰衣草和宽叶薰衣草的杂交种开花时间晚于常见的狭叶薰衣草。狭叶薰衣草包含两个亚种，亚种 *L. angustifolia* subsp. *angustifolia* 自然生长于法国阿尔卑斯南部、朗格多克塞文山脉地区和意大利东北部及南部。亚种 *L. angustifolia* subsp. *pyrenaica* 自然生长于比利牛斯山（法国、安道尔、西班牙）和西班牙东北部。在欧洲、北非、北美洲、亚洲的温带及亚热带地区有普遍栽培。中国科学院植物研究所于 20 世纪 50 年代开始将薰衣草引入中国，现新疆伊犁已发展成为世界薰衣草主要产区。

◆ 形态特征

薰衣草株高 40 ～ 80 厘米。根系发达，茎四棱。叶片线形或狭卵形，叶长 3 ～ 4 厘米，叶宽 0.3 ～ 0.5 厘米，有时会反卷。叶腋处的叶片较小，叶长 1 ～ 1.5 厘米，反卷幅度大，密被腺毛及短而分枝的非腺毛。花梗直立不分枝，长 10 ～ 20 厘米。花穗密集，5 ～ 10 厘米长，不连续的花穗 6 ～ 10 厘米长，通常会有一个轮伞花序着生在花穗下面较远处。苞片卵形或阔卵形，顶端尖，膜状，长度约为花萼筒的一半，网状脉凸出；小苞片小，约为 1 米，线形，干膜质。花萼管状，具 13 条脉纹，裂片短而圆，密被长而分枝的非腺毛和无柄的盾状腺毛。花冠 1 ～ 1.2 厘米，上唇裂片明显比下唇大一倍，深紫色，稀为粉色或白色。小坚果 4 枚，光滑。花期在 6 ～ 7 月，果期在 8 月。

◆ 生长与繁殖

薰衣草生长在干旱环境中、石灰质土壤或有矮灌木的裸露植被带，海拔一般为 250 ～ 500 米或 1800 ～ 2000 米，分布海拔较高，抗寒性强于宽叶薰衣草。采用播种、扦插、分根繁殖。因其种子细小、萌芽率低，宜育苗移栽。

薰衣草可采用不同品种间、不同种间杂交和秋水仙素加倍及辐射诱变等方法进行育种。

◆ 栽培管理

选地与整地

选择土层深厚，质地疏松，肥力中等，灌溉排水方便，土壤总含盐量在 0.2% 以下，土壤有机质含量 1% 以上，碱解氮 600 毫克 / 千克、速效磷 4 ～ 8 毫克 / 千克的地块。

春季精细整地，施足基肥。整地前进行一次平整土地，每亩施用磷肥 15 ～ 20 千克、尿素 8 ～ 10 千克、钾肥 5 ～ 8 千克、有机肥 1500 ～ 2000 千克，深翻 30 ～ 40 厘米，耙糖平整后打埂起高垄，垄面宽 50 ～ 60 厘米，垄高 30 ～ 40 厘米，垄间距为 70 ～ 80 厘米。

田间管理

根据薰衣草各生长阶段的不同要求及环境条件的变化进行。苗期机械化中耕除草，收花前人工拔草 1 ～ 2 次，保证田间无杂草。返青初期结合浇水，亩施有机肥 2000 ～ 3000 千克，尿素 15 ～ 20 千克、二铵 20 ～ 30 千克。用人工挖环穴深 8 ～ 10 厘米，距苗侧旁 10 厘米，将混拌均匀的肥料施入后覆土踏实。现蕾期可根外追肥 2 ～ 3 次，亩用尿素 300 克、磷酸二氢钾 200 克，兑水 40 ～ 50 千克喷雾，应选择在早晨水干后或傍晚喷肥为好。埋土宜在冬灌后进行，植株盖土 6 ～ 8 厘米，整个株体要覆盖 80% 以上。同时还要加强冬季护苗。返青至收割前一般浇水 3 ～ 4 次，亩灌水 200 ～ 300 立方米，全生育期浇水 6 ～ 8 次。采用畦灌为宜。收割前 15 天左右，适量灌水一次，可延缓薰衣草花萼脱落。花采收后，应及时灌水，促进植株正常生长，封冻前浇水有利于安全越冬。

病虫害防治

薰衣草的病虫害主要有枯萎病、根腐病、叶螨、沫蝉和蚜虫等。做好园区规划和基本建设，入冬前将薰衣草田间枯枝落叶进行清理，初春前将薰衣草田间、田埂、沟边、路旁的杂草清除，确保灌溉排水方便，保持通风透光，此外还可采取化学防治和天敌防治。

◆ **采收与加工**

薰衣草的花穗与部分叶片。盛花期（主茎花穗有 70% 左右开花）正午采收，阴干后及时提取加工，加工方法为水蒸气蒸馏法。薰衣草鲜花含油率 0.8%，干花含油率 1.5% 左右。

◆ **主要用途**

薰衣草精油主要由单萜和倍半萜组成，主要成分有芳樟醇（25%～38%）、乙酸芳樟酯（25%～45%）、乙酸薰衣草酯（3.4%～6.2%）。薰衣草精油香气宜人，是理想的高端香水、芳香理疗原料，具有杀菌、抗炎、抗氧化等多种功效，并在治疗高血压、帕金森、老年痴呆症和抗癌等方面展现出潜在的药用价值。薰衣草释放出的芳樟醇可能通过直接刺激嗅觉神经元，作用于 GABAA 受体，进而让受试个体放松。此外，在多种用于降压的民间药用植物中，薰衣草是最有效的 KCNQ5 钾通道激活剂之一，当 KCNQ5 被激活时，能使血管松弛，从而达到降压的效果。连续 7 天接触薰衣草可以改善大鼠的类似抑郁行为，且具有薰衣草剂量依赖效应。其中最可能起作用的是芳樟醇，芳樟醇具有抗抑郁、镇静、抗炎、抗动脉粥样硬化和抗氧化作用，可能通过谷氨酸系统和 NMDA 影响抑郁症。吸入含 24.07% 柠檬烯、21.98% 芳樟醇、15.37% 乙酸芳樟醇、5.39%α-蒎烯和 4.8%α-檀香醇的复方安神精油可提高小鼠脑内 5-HT 和 GABA 的含量，显著降低小鼠自发活动，减少睡眠潜伏期，延长睡眠时间。

薰衣草花芽期挥发性成分中，柠檬烯、β-罗勒烯占比较高，具有驱避蚜虫的作用，使薰衣草顺利进行生殖生长；盛花期乙酸芳樟酯、乙酸薰衣草酯含量较高，对蜜蜂具有强烈的吸

薰衣草

引作用，从而保障异花授粉的薰衣草成功授粉。此外，薰衣草特征性成分——乙酸薰衣草酯是蓟马的聚集信息素，使薰衣草在蓟马生物防治中具有潜在的应用价值。薰衣草也可作为观赏植物。

油　菜

油菜是芸薹科（原称十字花科）芸薹属中用以采籽榨油的一年生或越年生草本植物的统称。

油菜是世界重要油料作物之一。油脂供食用或工业用，茎叶和油粕可作肥料或饲料。栽培的油菜主要包括白菜型油菜、芥菜型油菜、甘蓝型油菜和埃塞俄比亚芥 4 种，中国主要栽培前 3 种。

◆ 起源和分布

油菜的栽培历史悠久，中国和印度是世界上栽培油菜最古老的国家。中国在新石器时代的西安半坡原始社会文化遗迹中就发现有距今 6000～7000 年的炭化菜籽或白菜籽。《太平御览》辑引东汉服虔《通俗文》中有"芸薹谓之胡菜"（今白菜型油菜）之说。宋代苏颂等（1061）编著的《本草图经》中开始采用"油菜"的名称，并对其详加描述。根据出土文物和文献的考证，中国是芥菜型油菜和白菜型油菜的起源地之一。青海、甘肃、新疆、内蒙古等地，是中国最早的油菜栽培地区。

约 2000 年以前，日本古代的白菜型油菜直接从中国或朝鲜半岛传入。印度东北部的芥菜型油菜由中国引入。在欧洲，白菜型油菜称芜菁油菜，甘蓝型油菜通称瑞典油菜，是栽培最久的两个种，其栽培始于 13 世纪。中国广泛栽培的甘蓝型油菜于 20 世纪 30 年代和 50 年代分别由日本和欧洲引入。

一般认为白菜型油菜起源于亚洲和欧洲,甘蓝型油菜起源于欧洲,芥菜型油菜起源于亚洲和非洲,埃塞俄比亚芥起源于非洲。美洲、大洋洲以及其他地区栽培的油菜,都是由这些起源中心引入。

栽培的油菜属芸薹属植物,它们在起源进化上有密切关系。20 世纪 30 年代中期,日本学者在芸薹属植物细胞遗传学方面开展了系统研究,并由旅日韩国学者禹长春(U Nagauara)提出芸薹属植物染色体组亲缘关系的假说,后世称为禹氏三角(The triangle of U)。

位于三角形顶端的 3 个基本种为芸薹(即白菜型油菜)、黑芥和甘蓝,它们是大约 400 万年以前产生于自然界的基本物种。在三角形的 3 个等边上的物种是 3 个复合种,即甘蓝型油菜、芥菜型油菜和埃塞俄比亚芥(简称埃芥),它们是一至数万年前,由前面 3 个基本种在不同地区条件下,通过自然种间杂交后形成双二倍体进化而来的多倍体物种。这个假说先后为印度、丹麦、瑞典等国学者通过种间杂交人工合成新的双二倍体,得到实验证实。

世界上广泛栽培的油菜以甘蓝型为主。2023 年全世界油菜籽总产量约为 8744 万吨。主要生产国为中国、加拿大、印度、法国、波兰等。2023 年中国油菜籽总产量约为 1632 万吨。欧洲各国、加拿大、澳大利亚绝大部分是甘蓝型油菜。印度以芥菜型油菜为主,白菜型油菜次之,主产区为北部恒河流域。中国甘蓝型油菜约占 88%,白菜型油菜占 5% ~ 7%,芥菜型油菜占 5% 左右。

中国油菜以秦岭为界划分为秋播油菜和春播油菜两大产区。秋播油菜区根据地区不同，种植的品种有冬性品种、半冬性品种和春性品种；按其自然区域又可划分为华北关中、四川盆地、云贵高原、长江中游、长江下游和华南沿海 6 个亚区。芥菜型油菜广泛分布于云贵高原。长江流域各省现已成为世界上甘蓝型油菜三大集中产区之一，占全国油菜总面积的 70% 以上。春播油菜区种植的全部为春性品种，主要是甘蓝型油菜。青藏高原高海拔地区以白菜型小油菜为主。中国油菜分布海拔最高的地区是海拔 4270 米的西藏曲穴。

◆ **生长习性**

中国的秋播油菜，通常在秋季播种，次年初夏成熟。一般甘蓝型半冬性品种生育期较长，为 170 ~ 240 天，芥菜型 160 ~ 210 天，白菜型 150 ~ 200 天。春播油菜一般 4 ~ 5 月播种，8 ~ 9 月收获，生育期 90 ~ 150 天（白菜型小油菜 90 ~ 110 天，甘蓝型油菜 110 ~ 150 天）。

不同的油菜品种对温度和光周期的感应不同。冬性油菜一般在播种后需经过一个低温阶段，至次年才能现蕾、开花、结实。原产高纬度地区的冬性品种对低温要求较严格，需在 0 ~ 5℃的低温下经 20 ~ 40 天才能通过春化，否则不能现蕾开花。半冬性品种对低温要求不严格，在 3 ~ 15℃时经过 20 ~ 30 天即可。春性品种如泸州 5 号，不需要通过低温春化。不同油菜品种对光周期的感应也不同。欧

油菜

洲和加拿大春油菜品种对长日照较敏感，中国和日本冬油菜品种对长日照不大敏感。

发芽出苗期

油菜种子发芽的起点温度为3℃，15～20℃时3～5天出苗。适宜土壤水分为最大持水量的60%左右，种子吸水达种子干重的60%时才能发芽。出苗时以自养生长为主。

苗期

秋播油菜苗期较长，占全生育期的一半以上。通常以花芽开始分化为界，将苗期又分为苗前期和苗后期。苗前期以营养生长为主，根系扩展，主茎节和叶片不断分化，但节间并不伸长。花芽分化后，主茎节数和主茎叶片数的分化随之停止。苗前期伸展出的叶片为长柄叶，长柄叶不仅直接影响幼苗根系生长，对后期的花芽分化数、单株角果数、每果种子粒数以及千粒重也有很大影响。苗后期仍以营养生长为主，但开始了生殖生长－花芽分化。油菜为无限花序，一个花序可以分化出几十甚至一二百个花蕾，先从主花序开始分化，接着分枝花序由上至下进行分化；在同一个花序上的花蕾分化顺序是由下而上进行的。

油菜苗期生长适宜气温为10～20℃，低于3℃时地上部分即停止生长，-8～-5℃时会发生不同程度的冻害。

现蕾抽薹期

营养生长与生殖生长并进阶段。此时根系干重继续增加，活力较强。主茎迅速伸长和增粗，叶面积迅速扩大。花芽数量虽然增长很快，但大部分为无效花芽（苗期分化的花芽一般为有效花芽）。这时的需水量比苗期要多。气温以 10℃以上并平稳上升为宜。

开花期

油菜进入以生殖生长为主的阶段。花序迅速伸长，盛花期株高和叶面积达最大值。开花期的适宜温度为 14 ～ 18℃，12 ～ 25℃之间均能正常开花，30℃以上虽然开花，但结实不良；10℃以下开花数量显著减少，5℃以下开花极少；0℃或0℃以下花蕾大量脱落，出现分段结实现象。开花期适宜的空气相对湿度为 70% ～ 80%。油菜花期（初花－终花）一般为 25 ～ 35 天。

角果发育与成熟期

油菜的角果逐步发育，角果长度比宽度增长快，角果皮取代叶片成为主要的光合器官。种子形成、发育至成熟，干物质和油分逐渐累积。种子油分随着角果干重的增加而逐步积累。随着种子油分的累积，含糖量相对减少，淀粉含量下降，成熟时几乎已无淀粉存在。终花到成熟，一般需 30 天左右。

◆ 栽培管理

中国长江流域以南各省的冬播油菜以水稻田为主，其他地区多为旱地种植。移栽的冬播油菜一般在9月中下旬播种，每亩苗床播量0.4～0.5千克，适时间苗、追肥、治虫，有利培植根系发达的矮壮苗。苗龄30～45天后移植大田，每亩1万～3万株。直播的油菜一般在9月底10月中播种，每亩播量0.15～0.25千克，于1～2片真叶时间苗，4～5片真叶时定苗，每亩2万～4万株。结合中耕进行除草追肥，培育壮苗。中国春油菜区一般在4月上旬至下旬播种，每亩密度3万～6万株，因苗期很短（一般 30 ～ 40 天），适时早播可提高产量。在 2500 米以上高海拔地区，多为白菜型小油菜，因株型较小，播种密度可高达每亩 30 万～ 50 万株。

油菜需肥较多，要求施足底肥，苗期适时适量追肥，现蕾抽薹期需要较多氮肥，一般要占总吸收量的 1/3 ～ 1/2。幼苗 3 ～ 5 片真叶以前是磷素营养的临界期，磷的利用效率最高，磷肥宜做基肥。钾肥在全生育期都可吸收利用，能促进生长，增加分枝，增强耐寒、抗病和抗倒伏能力，并能促使早熟，提高含油量。氮、磷、钾配合使用的合理比例为 1 ： 0.35 ： 0.95。

油菜对硼很敏感，在土壤严重缺硼（土壤水溶性硼含量在 0.00003% 以下）时，苗期可导致死苗，薹期可使提早脱叶，抽薹延缓，株型矮化，花蕾干枯或脱落，开花延缓或不能正常开花，角果停止发育或呈畸形，胚珠不能发育成正常种子，表现出"返花"和"花而不实"的缺硼症状。施用硼肥可以有效防治油菜缺硼，其方法根据油菜缺硼程度来选择。在中度或严重缺硼土壤，每亩以 0.5 ～ 0.75 千克硼肥作基肥施用。在轻度或潜在性缺硼土壤，在苗期和薹期喷施硼肥，浓度为 0.2% 水溶液，即可达到防治的目的。越冬前是秋播油菜区的重要田间管理时期，要抓紧中耕、除草、追肥，加强灌溉，培育壮苗越冬，冬壮春发是取得高产的主要途径。

油菜的主要病害有病毒病、菌核病、霜霉病、黑胫病、根肿病。采用 3 年以上轮作，合理灌溉，种子检疫，施用药剂等综合措施防治。根肿病是土传病害，由于机械化跨区作业，导致该病发展很快。常见的害虫有蚜虫、黄条跳甲、菜蛾、菜螟、菜潜叶蝇，可在产卵期喷洒药剂及毒饵诱杀成虫抑制虫蛹羽化。

◆ 采收

油菜的角果果皮现黄色时进行人工收获，一般先割倒铺开，短期晾晒后脱粒或捆扎堆 5 ～ 7 天后摊晒脱粒。机械收获有两段收获和一次收获。两段收获是在油菜八成熟时采用割晒机，割倒铺晒 6 ～ 7 天后再用联合脱粒机脱粒；一次收获是在油菜充分成熟后，采用联合收割机一次割倒和脱粒。种子经太阳或干燥机充分干燥后（水分降到 7% ～ 9%）入库贮藏。

◆ 品种改良

油菜育种的传统目标为提高产量、含油量和增强耐寒性、抗病性能。20 世纪中期以来，为改进菜油和油粕的品质而开展品质育种。在菜籽油所含的各种脂肪酸中，油酸和亚油酸对人体有益，并与芥酸的含量呈负相关，无芥酸或低芥酸的品种含油酸和亚油酸成分高。另外，一般油菜品种菜籽榨油后的油饼虽含蛋白质 40% 左右，营养价值与大豆油饼相近，但因含有硫代葡萄糖苷 120 ～ 150 微克 / 克（饼），遇水在芥子酶的催化下，裂解为异硫氰酸盐、唑烷硫酮和腈等有毒物质。如用未经处理的菜籽饼饲养家禽，可导致家禽甲状腺肿大、生理紊乱，甚至中毒死亡。

自 20 世纪 50 年代后期，加拿大先后育成无芥酸的自交系。1964 年育成世界上第一个低芥酸品种 Oro，芥酸从 44% 左右下降到 0.2% ～ 0.5%，油酸和亚油酸分别提高到 50% 以上和 20% 以上。1973 年，又育成第一个甘蓝型低芥酸、低硫代葡萄糖苷品种 Tower，加拿大将双低油菜统称为 Canola。此后，不少国家利用加拿大的 Oro、Tower 资源相继育成双低品种，这是油菜育种史上的重大突破。中国从 20 世纪 70 年代开始进行低芥酸、低硫代葡萄糖苷油菜的选育研究，80 年代以后育成一批单、双低品种。1972 年，华中农业大学发现第一个有实用价值的油菜波里马细胞质雄性不育（Pol CMS）；80 年代后期，各国育成第一批 Pol CMS 双低杂交种；90 年代以后，萝卜细胞质雄性不育、转基因雄性不育双低杂种和隐性核不育杂种等相继投入生产。在世界范围内油菜品种经历了双高（高芥酸、高硫苷）品种→双低（低芥酸、低硫苷）品种→双低杂交种的发展，油菜品种在产量和品质上都得到显著改良。随着近红外检测技术的应用，提高含油量的育种进展很快，中国油菜品种含油量由一般的 40% 左右已提升达 45%，有的育种材料的含油量已超过 55%（干基）。

◆ **主要用途和加工**

油菜籽含油率占种子干重的 30%～50%，精炼后的菜籽油是良好的食用油，含有丰富的脂肪酸和多种维生素。低芥酸油菜品种油酸含量仅次于橄榄油，是优质的食用植物油。2010 年前后，国内外已育成的一批高油酸、低芥酸、低亚麻酸的（HOLL）油菜品种，油酸含量超过 75%，品质与橄榄油相当。特高芥酸含量的品种，芥酸含量 50%～55% 的菜籽油可作为铸钢工业的润滑油。一般菜籽油在机械、橡胶、化工、油漆、纺织、制皂和医药工业上有广泛用途，欧洲一些国家还将菜籽油加工制成生物柴油，成为开动拖拉机、汽车、船舶等的可再生能源。榨油后的油粕，为重要的有机肥料和畜、禽、鱼的精饲料。

油菜根系分泌的有机酸，可溶解土壤中难以溶解的磷，提高磷的有效性。根、茎、叶以及花和果壳等含有丰富的氮、磷、钾，生长阶段脱落的叶、花以及收获后残根和秸秆还田，可显著提高土壤肥力，改善土壤结构。油菜花器多，花期长，具有蜜腺，还是一种良好的蜜源植物和景观植物。2000 年以来，各地生态旅游业发展很快，油菜花成为观赏旅游的重要项目。中国北方利用秋闲地（7～8 月小麦收获后至严冬前的 2～3 个月的空闲耕地）、南方利用冬闲田（秋收后）发展饲料（绿肥）油菜，具有不影响粮食生产、产量高、品质好、有利于解决冬春青饲料短缺问题，正在大面积推广中。

油菜籽经烘炒、碾细和蒸制制成圆饼后，在榨机中榨出橙黄色、不透明、有菜腥味的毛油，经精炼、过滤澄清后，成为食用菜籽油。精炼后的低芥酸菜籽油淡黄色，透明无腥味，品质优良。经机械压榨后的油饼，尚含油脂 10% 左右，如先用机械粗榨，再用正己烷浸提，油粕中残留的油分可降至 1%～3%。

药用植物

麦　冬

麦冬是百合科沿阶草属多年生草本植物。又称麦门冬、沿阶草等。以干燥块根入药，药材名麦冬。

人工栽培按照产地不同，麦冬分为川麦冬和杭麦冬，前者主产中国四川绵阳的涪江两岸，后者主产浙江余姚和慈溪等地。另，同被《中华人民共和国药典》收录的药材山麦冬的原植物还有湖北麦冬和短葶山麦冬，其中湖北麦冬主产襄樊，短葶山麦冬主产福建泉州。

◆ **形态特征**

麦冬根较粗，长膨大成椭圆形或纺锤形小块根。地下匍匐茎细长，节上具膜质鞘，茎短。叶基生成密丛，条形，具 3 ～ 7 叶脉。总状花序顶生，具有 8 ～ 10 朵小花，花被片 6，披针形，白色或淡紫色。雄蕊 6 枚。花药很短，花药三角形披针形。果实为浆果，圆球形。种子坚硬，球形。花期在 5 ～ 8 月，果期在 7 ～ 9 月。

◆ **生长习性**

麦冬适宜阴湿、温暖和肥水充足的环境。选湿润肥沃、有机质含量高、pH 为 7.0 ～ 8.0 的潮沙土为佳。忌连作。

◆ **繁殖方法**

麦冬以分株繁殖为主。选择生长健壮、无病虫害的优质种苗。4 月中下旬～ 5 月上中旬进行栽种。种苗栽种后，及时浇水。栽后 10 ～ 15 天，种苗返青。

◆ **栽培管理**

麦冬栽培管理要点有：①选地与整地。以湿润肥沃、土质疏松、排灌良好的沙质壤土为宜。涝洼积水地不宜种植。忌连作。每亩施农家肥 2000 ～ 3000 千克，配施适量复合肥作基肥，整平土壤。②田间管理。在返青期间，及时补苗。适时中耕除草。适时追肥。干旱或多雨季节及时浇排水。③病虫害防治。麦冬常见病害为黑斑病。防治方法：合理水旱轮作；栽种前用杀菌剂溶液浸泡种苗后栽种；选用杀菌剂进行化学防治。

◆ **采收与加工**

麦冬于栽后第 2 年 4 月上中旬（清明节至谷雨节）选晴天收获。挖取麦冬块根，洗净，晒干。麦冬商品规格可分为多个等级。

◆ **主要用途**

麦冬味甘、微苦，微寒。归心、肺、胃经。具有养阴生津，润肺清心的功效。麦冬干燥药材中麦冬总皂苷含量不得少于 0.12%。现代研究证明，麦冬提取物具有降血糖、保护心血管系统、抗炎等作用。

苍　耳

苍耳是被子植物真双子叶植物菊目菊科苍耳属的一种一年生草本植物。名出《千金·食治》。苍耳古称卷耳，《诗经·周南·卷耳》云："采采卷耳，不盈倾筐。嗟我怀人，置彼周行。"抒写了男女别后相思之情，故苍耳又称"常思"。

苍耳常生长于平原、丘陵、低山、荒野路边、田边。中国广布，世界性习见。

苍耳高达 20～90 厘米。叶三角状卵形，长 4～10 厘米，宽 5～12 厘米，不分裂或 3～5 不明显浅裂，基出 3 脉。叶柄长达 11 厘米。雌雄同株。雄头状花序球形，密生柔毛。雄花花冠钟状，雌头状花序椭圆形，外层总苞片披针形，内层总苞片结

苍耳

合成囊状，果熟时总苞变硬质，外面疏生具钩的总苞刺，常有腺点，有喙。瘦果2，倒卵形。花期7～8月，果期8～9月。

苍耳带总苞的果实入药，称"苍耳子"，有散风祛湿、通鼻窍、止痛、止痒的作用。种子可榨油，作润滑油或制肥皂、油墨。此外，苍耳嫩苗可救饥。

酢浆草

酢浆草是酢浆草科酢浆草属植物的统称。亦作为植物 *Oxalis corniculata* 的中文名。

酢浆草原产于南非及南美热带地区。酢浆草属植物有800余种，中国栽培的有500多种（含品种）。

◆ 形态和种类

酢浆草高10～35厘米，全株被细软茸毛。叶基生或茎上互生，托叶小，边缘密被茸毛。叶柄长1～13厘米，基部具关节。3小叶，倒心形。花单生或数朵聚集成伞形花序状，腋生。花瓣5片，黄色。蒴果长圆柱形，具5棱。种子长卵形，褐色或红棕色。花、果期在2～9月。

根据种植时间的不同，可将酢浆草属植物分为春植酢浆草、秋植酢浆草及四季酢浆草。园林中常用作地被或缀花草坪观赏的酢浆草属植物为关节酢浆草、紫叶酢浆草等。该属园林中常见的杂草除开黄色花的酢浆草外，还有开粉色花、花心为绿色的红花酢浆草。

◆ 生长习性

酢浆草适应性强，繁殖能力较强，常作为杂草出现在花盆、草坪、花园中。抗旱，不耐寒，对土壤适应性较强，一般园土均可生长，尤以富含腐殖质的沙壤土为佳。夏季高温时期会表现出短暂的休眠。生长迅速，花期长。酢浆草的种子具有自播繁殖能力，蒴果成熟后自然炸开，将种子弹射出去，种子在适宜的土壤、温湿度环境中即可萌发长成新的植株。同时，横生的根状茎在节处会长出不定根，切断后同样具备繁殖能力，即分株繁殖。

酢浆草

◆ 主要用途

酢浆草叶形小巧，具有昼开夜合的特性，花色明丽可爱。在花盆中可作为铺面材料，在园林景观中可作为地被，具有一定的观赏价值。但其亦为园林中的杂草，广泛存在于花盆、花境、草地、树池等园林空间，难以完全拔除。同时，该植物全草可入药，有清热解毒、消肿散疾的效用。

小飞蓬

小飞蓬是菊科白酒草属一年生或越年生草本植物。又称小蓬草、加拿大蓬、小白酒草、祁州一枝蒿。

小飞蓬茎直立，高50～100厘米或更高，圆柱状，多少具棱，有条纹，被疏长硬毛，上部多分枝。叶密集，基部叶花期常枯萎，下部叶倒披针形，顶端尖或渐尖，基部渐狭成柄，边缘具疏锯齿或全缘，中部和上部叶较小。头状花序多数，排列成顶生多分枝的大圆锥花序，雌花多数，舌状，白色，两性花淡黄色。瘦果长矩椭圆形，中央具残存花柱。果实基部稍窄，果脐凹陷，周围白色，位于果实基端。果含1粒种子，种子成熟后，即随风飘扬。

小飞蓬主要以种子进行繁殖，苗期在5～7月，花期在7～11月，产生的大量瘦果能借冠毛随风扩散，阳性，耐寒，土壤要求排水良好但周围要有水分，易形成大片群落。

小飞蓬在全球大部分地区均有分布，但主要在北温带比较常见。在中国大部分地区均有分布，较易入侵河滩、渠旁、铁路、公路边、抛荒地、住宅四周等。在国外，小飞蓬一直被视为恶性农田杂草，它可以入侵40多种作物田，不仅能危害桑、茶、果园及作物田，如玉米、大豆、棉花等，而且还特别容易入侵一些免耕地、保护耕地，以及农场、牧场等。对于那些冬季发生的作物，小飞蓬主要影响其产量。此外，小飞蓬还是多种农田害虫的中间寄主。

小飞蓬的全草或鲜叶入药，可以起到抗炎抗菌作用，而且对心血管系统有保护的作用。此外，小飞蓬的嫩茎、叶还可以作为猪饲料。

蒲公英

蒲公英是菊科蒲公英属多年生草本植物。以其干燥全草入药，药材名蒲公英。又称黄花地丁、婆婆丁、蒲公草等。

蒲公英广泛分布于北半球。在中国，主要栽培区为江苏、河南、黑龙江、河北和山西等地。

◆ **形态特征**

蒲公英根圆柱状，黑褐色。叶倒卵状披针形、倒披针形，边缘有时具波状齿或羽状深裂，有时倒向羽状深裂或大头羽状深裂，顶端裂片较大，每侧裂片 3 ～ 5 片，裂片三角形或三角状披针形，通常具齿，叶柄及主脉常带红紫色。花莛 1 至数个，与叶等长或稍长。头状花序；总苞钟状；总苞片 2 ～ 3；舌状花黄色，花药和柱头暗绿色。瘦果倒卵状披针形，暗褐色；冠毛白色。花期在 4 ～ 9 月，果期在 5 ～ 10 月。

◆ **生长习性**

蒲公英耐涝、耐旱、耐寒、耐瘠薄、耐盐碱、抗强光、耐高温。早春地温 1 ～ 2℃时即萌发，地下根可以忍受 -50℃的低温。种子发芽最适温度为 15 ～ 25℃，30℃以上发芽缓慢，叶生长最适温度为 20 ～ 22℃。东北地区早春 4 月下旬开始生长。气温 8 ～ 10℃时迅速生长。5 月中下旬开花，6 月中旬种子成熟，种子无休眠特性，落地后很快萌发，出芽，形成新的植株，直到初霜始枯萎。多年生植株 9 月初可以再次开花。再生能力强，生长季生长点切去后，可形成多个新生长点。苗期耐旱性稍差，出苗 1 个月后生长速度加快，抗性增强。

◆ **繁殖方式**

蒲公英有种子繁殖和分根繁殖两种方式，以种子繁殖为主。种子繁殖春季到秋季均可播种。在畦面上按行距 25 ～ 30 厘米开前横沟，播幅约 10 厘米。播种量 0.5 ～ 0.75 千克 / 亩。分根繁殖于春季或秋季采挖蒲公英的根，移栽在整理好的地块内，行株距 10 厘米 ×15 厘米。

◆ 栽培管理

选地和整地

选土质深厚、疏松肥沃、排水良好的沙壤土种植蒲公英。整地时施足底肥，施腐熟农家肥4000 ～ 5000 千克 / 亩，深耕 25 ～ 30 厘米，耕平耙细，做成宽 1.2 ～ 1.5 米的长畦。

田间管理

蒲公英田间管理技术要点有：①中耕除草。每 10 天左右中耕除草1 次，直到封垄为止；封垄后可人工拔草。②间苗、定苗。出苗 10 天左右进行间苗，株距 3 ～ 5 厘米，经 20 ～ 30 天即可定苗，株距 8 ～ 10 厘米，撒播者株距 5 厘米。③肥水管理。苗期保持湿润，干旱可沟灌渗透。出苗后适当控水，促进根部健壮生长，防止倒伏。施尿素 10 ～ 15 千克 / 亩，或碳酸氢铵 15 ～ 20 千克 / 亩。

病虫害防治

蒲公英的斑枯病为害叶片。防治方法：与禾本科轮作；合理密植，促苗壮发，增加株间通风透光性；以有机肥为主，避免偏施氮肥；收集病残体携出田外烧毁；清沟排水；药剂防治。

蚜虫为害新生茎叶。防治方法：黄板诱杀；发生初期,用杀虫剂进行喷雾防治。

地老虎为害根部。防治方法：种植地块提前 1 年秋

碱地蒲公英

翻晒土及冬灌，可杀灭虫卵、幼虫及部分越冬蛹；用糖醋液、马粪和灯光诱虫，清晨集中捕杀等。

◆ **采收加工**

在晚秋时节采挖带根的全草，去泥晒干备用。采收后可以将蒲公英进行初加工、干燥。也可以加工成蒲公英散和蒲公英素。

◆ **主要用途**

蒲公英药材味苦、甘，性寒。归肝、胃经。具有清热解毒，消肿散结，利尿通淋的功效。主治急性乳腺炎、淋巴腺炎、瘰疬、疔毒疮肿、急性结膜炎、感冒发热、急性扁桃体炎、急性支气管炎、胃炎、肝炎、胆囊炎、尿路感染、便秘、治高脂血症等病症。

2015 版《中华人民共和国药典》同时收载同属植物碱地蒲公英作为药材蒲公英的基原植物。其分布主要在黄河以北地区，亦有栽培。

三白草

三白草是被子植物真双子叶植物胡椒目三白草科三白草属的一种多年生草本植物。名出《唐本草》。

三白草因花序下常有 3 枚叶片，在夏初开花期变为白色，故而得名。在中国，分布于河北、山东、河南和长江流域及其以南各省区。日本、菲律宾至越南也有分布。生于低湿沟边，塘边或溪旁。

三白草根状茎横走，肉质，白色。单叶，互生，卵形至披针状卵形，基部心形或呈耳状，基出脉 5 ～ 7 条，边全缘，在花序下 2、3 片叶呈乳白色，具柄；叶柄长 1 ～ 3 厘米，基部与托叶合生成鞘状，略抱茎。

三白草

总状花序，花序轴密被短柔毛；花小，两性，无花被，生于苞片腋内，苞片近匙形，上部圆，无毛或有疏缘毛，下部线形，被柔毛，且贴生于花梗上；雄蕊6，花药长圆形，纵裂，花丝比花药略长；雌蕊由4心皮组成，基部合生，柱头4，每心皮有胚珠1～2枚；花期4～6月。果球形，熟时分裂成4个分果爿，每室有球形种子1枚。

三白草全株药用，内服治尿路感染、尿路结石、脚气水肿及营养性水肿；外敷治痈疮疖肿、皮肤湿疹等。

车　前

车前是车前科车前属多年生草本植物。又称车前子、车轮菜。

◆ 分布

在中国，分布于黑龙江、吉林、辽宁、内蒙古、河北、山西、陕西、甘肃、新疆、山东、江苏、安徽、浙江、江西、福建、台湾、河南、湖北、湖南、广东、广西、海南、四川、贵州、云南、西藏等。朝鲜、俄罗斯、日本、尼泊尔、马来西亚、印度尼西亚也有分布。生长于草地、沟边、河岸湿地、田边、路旁或村边空旷处。

◆ 形态特征

车前的成株高20～60厘米。具须根。叶基生，直立，卵形或宽卵形，先端圆钝，边缘近全缘，波状或有疏齿至弯缺，两面无毛或有短柔毛，具弧形脉 5 ～ 7 条，叶柄基部扩大成鞘。花葶数个，直立，被短柔毛，穗状花序，花疏生，绿白色或淡绿色，苞片宽三角形，较萼片短，两者均有绿色宽龙骨状突起；花萼裂片倒卵状椭圆形或椭圆形，有短柄；花冠裂片披针形，先端渐尖，反卷。蒴果椭圆形，周裂；种子 5 ～ 6（8）粒，长圆形，黑棕色，腹面明显平截，表面具皱纹状小突起，无光泽。幼苗子叶长椭圆形，先端锐尖，基部楔形。初生叶 1，椭圆形至长椭圆形，先端锐尖，基部渐狭

车前

至柄，柄较长，主脉明显，叶片及叶柄皆被短毛。上、下胚轴均不发达。通常以种子或根茎进行繁殖，常单生或群生。花期在 4 ～ 8 月，果期在 7 ～ 9 月。

◆ 主要用途

车前全草和种子药用，具有清热利尿、祛痰止咳、明目之功效，可治疗泌尿系统感染、结石、肾炎水肿、小便不利、肠炎、痢疾等。嫩苗、嫩叶可作蔬菜食用，还可用作饲料。

黄花蒿

黄花蒿是菊科蒿属一年生或越年生草本植物。又称臭蒿、苦蒿、臭青蒿、香青蒿、莫林一沙里尔日（蒙语名）、康帕（维吾尔语名）、克朗（藏

语名）。以其干燥地上部入药，药材名青蒿、好尼一沙里勒吉（蒙药名）。

◆ **分布**

黄花蒿野生资源中国南北均有分布。广布于欧洲、亚洲的温带、寒温带及亚热带地区，在欧洲的中部、东部、南部及亚洲北部、中部、东部最多，向南延伸分布到地中海及非洲北部，亚洲南部、西南部各国；另外还从亚洲北部迁入北美洲，并广布于加拿大及美国。现已大面积人工栽培。

◆ **形态特征**

黄花蒿植株有浓烈的挥发性香气。根单生。茎单生，有纵棱，褐色或红褐色；茎、枝、叶两面及总苞片背面无毛或初时背面微有极稀疏短柔毛。茎下部叶宽卵形或三角状卵形，两面具细小脱落性的白色腺点及细小凹点，三（至四）回栉齿状羽状深裂，裂片长椭圆状卵形，再次分裂；基部有半抱茎的假托叶；中部叶二（至三）回栉齿状的羽状深裂，小裂片栉齿状三角形。头状花序球形，有短梗，基部有线形的小苞叶，在分枝上排成总状或复总状花序，并在茎上组成开展、尖塔形的圆锥花序；总苞片3～4层；花深黄色，花冠狭管状，花柱线形，伸出花冠外；两性花，花冠管状。瘦果小，椭圆状卵形。花果期在8～11月。

◆ **生长习性**

黄花蒿野生多见生生长在路旁、荒地、山坡、林缘等处。喜温暖、湿润气候。避风向阳、土壤肥沃、土质疏松、排水良好的肥沃沙壤土生长良好。自然繁殖，可在秋季萌发。株高从发芽到侧枝出现前，生长较为缓慢；从苗期开始逐渐增高，7月10日之前增长较快，7～8月缓慢增长，9 月花蕾期株高达最高，10 ～ 11 月果实成熟，12 月初前后植株枯萎。

◆ **繁殖方法**

黄花蒿以种子繁殖为主。11 月中下旬至 12 月上旬采种子即播种或次年的 2 月中下旬至 3 月上旬播种；3 月下旬，移苗假植；4 月中下旬移栽。也可以采用扦插繁殖方法。

◆ **栽培管理**

黄花蒿栽培管理要点有：①选地与整地。应选避风向阳、土壤肥沃、土质疏松、耕作土层深 30 厘米以上的沙壤土和壤土。2 ～ 3 年轮作 1 次。翻深 30 厘米以上，耙细整平，开沟作厢，厢面为略呈龟背形。②种苗移栽。3 月下旬至 4 月，选择苗高 15 ～ 20 厘米的壮

黄花蒿

苗，在阴天或晴天傍晚移栽。亩密度 1000 ～ 1500 株。③田间管理。根据杂草的生长情况确定除草次数和时间。6 月下旬，将除草和培土同时进行。封行后停止中耕除草。施有机肥作基肥，苗期施用氮肥为主的复合肥，中后期适当增加钾肥和磷肥。低洼地要及时排灌，四周开好排水沟。注意干旱时浇水和多雨时排水。④病虫害防治。根腐病发病初期，可用药剂全面喷洒病区病穴；4 月下旬至 6 月上旬发生小地老虎虫害时，用药剂于田块灌根。

◆ 采收与加工

黄花蒿当年植株现蕾期前（8月下旬至9月上旬）选晴天11：00～16：00收割。采收的植株（或枝条）置于水泥地上或竹席上，阳光下晾晒，用木棍或连盖拍下全部叶片，除去粗枝条即为商品蒿叶。亩产干品100～300千克。

◆ 主要用途

青蒿味苦、辛，性寒。归肝、胆经。具有清虚热，除骨蒸，解暑热，截疟，退黄功效。用于温邪伤阴，夜热早凉，阴虚发热，骨蒸劳热，暑邪发热，疟疾寒热，湿热黄疸。主含多种倍半萜内酯（如青蒿素）、黄酮类、香豆素类、挥发油等。

益母草

益母草是唇形科益母草属一年生或二年生草本植物。又称益母蒿等。以新鲜或干燥地上部入药，药材名益母草；干燥成熟果实入药，药材名茺蔚子。

◆ 形态特征

益母草主根密生须根。茎直立，通常高30～120厘米，四棱，有倒糙伏毛。下部叶卵形，3裂，裂片上再分裂；中部叶菱形，较小；上部苞叶近无柄。轮伞花序

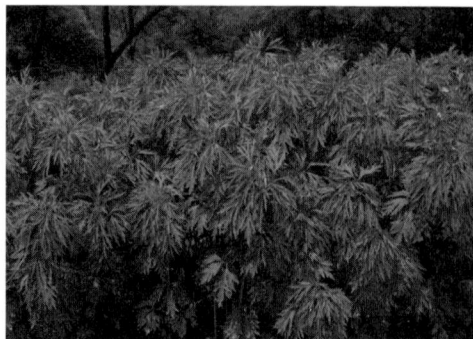

益母草

腋生，花 8 ～ 15；花梗无。花冠粉红至淡紫红色，二唇形；雄蕊 4，花柱丝状，略超雄蕊。坚果三棱，长 2.5 毫米。花期在 6 ～ 9 月，果期在 9 ～ 10 月。

◆ 生长习性

益母草属浅根性植物。生长于多种环境。喜阳光，怕涝。种子无休眠。花果期因播期而异。

◆ 繁殖方法

益母草一般采用种子繁殖。春播、夏播或秋播。按行距 25 厘米，开深 5 厘米沟播种，覆土稍压，保持土壤湿润。

◆ 栽培管理

益母草栽培管理要点有：①选地与整地。选向阳地块。耕翻整畦，穴播可不整畦。②田间管理。苗高 5 厘米时间苗，15 厘米定苗。株距 10 厘米。中耕除草不要过深，注意培土护根。以施氮肥为主追施复合肥。浇水，但防积水。③病虫害防治。主要有白粉病、锈病等病害，蚜虫和红蜘蛛等害虫。一般综合防治病虫害的发生。

◆ 采收加工

①鲜益母草。幼苗期或花前期齐地割取。②干益母草。花未开或初开时齐地割取。整株或切段晒干。③茺蔚子。果实成熟后割取地上部，晒干，打下果实，除杂。

◆ 主要用途

药材益母草味苦、辛，性微寒。具活血调经，利尿消肿，清热解毒作用。用于月经不调、痛经经闭、恶露不尽、水肿尿少，疮疡肿毒，瘀滞腹痛等。为妇科经产用药，也用于肾炎水肿。含盐酸水苏碱和盐酸益母草碱等成分。

茺蔚子味辛、苦，性微寒。具活血调经，清肝明目作用。用于月经不调、经闭痛经、目赤翳障、头晕胀痛等。含盐酸水苏碱等成分。

草坪草

紫云英

紫云英是豆科黄芪属一年生或越年生草本植物。又称红花草、红花草子、莲花草、翘摇等。

紫云英原产于中国。公元 261 ～ 303 年中国就有种植紫云英的相关记载，明清时期长江流域已大面积种植。中国长江以南各地广泛栽培，后又逐渐推广至秦岭—淮河沿线以南地区种植。紫云英是中国稻田最主要的冬季绿肥作物，也是重要的蜜源作物和观赏花卉。

◆ 形态特征

紫云英主根肥大，侧根发达，密集生长在 15 ～ 30 厘米耕作层内。主根、侧根和地表的细根上都能着生根瘤，以侧根上着生根瘤居多。根瘤形状分球状、指状、叉状、掌状和块状等，颜色一般为深红色或褐色。茎呈圆柱形或扁圆柱形，中空，株高 30 ～ 100 厘米，直立或半匍匐；分枝从主茎基部叶腋间抽出，一般 5 ～ 6 个。奇数羽状复叶，小叶 7 ～ 13 片，倒卵形或椭圆形，全缘，顶端微凹或微缺。总状花序近伞形，腋生，小花 7 ～ 13 朵；蝶形花冠淡红或紫红色。荚果细长，顶端喙形，横切面为三角形，成熟时黑色，每荚含种子 5 ～ 10 粒。种子肾形，种皮光滑，黄绿色至红褐色，千粒重 3.0 ～ 3.5 克。

◆ **生长习性**

紫云英喜温暖湿润环境。有明显的越冬性，有一定的耐寒能力。全生育期需要充足的水分。对土壤要求不严，以 pH5.5 ～ 7.5 的沙质壤土和黏壤土为宜。耐盐性差，不宜在盐碱地上种植。

◆ **繁殖／育种方法**

紫云英通过种子繁殖。留种田应选择排水良好、肥力中等、非连作的沙质土壤。每公顷播种量 15 ～ 22.5 千克，施用过磷酸钙 150 千克及草木灰 225 ～ 450 千克，并在现蕾至开花期喷硼、钼肥各 1 次。当荚果 80% 变黑时即可收获，种子产量 600 ～ 900 千克 / 公顷。

◆ **栽培管理**

紫云英多与水稻接茬复种，也是棉花等作物的良好前作。应选择适宜的品种及排灌良好的田块种植。播种期因气候及茬口的不同而有较大变化，一般在 9 月上旬至 10 月中下旬秋播。适当早播可以提高鲜草产量，但也不能播种过早，应在日平均气温下降至 25℃以下时播种。稻田套播时，以在水稻收获前 20 ～ 25 天播种为宜。播种量一般为每亩 1.5 ～ 3 千克。产草量一般随播种量的增加而提高，但播

紫云英花

种量大于 3 千克则不利于增产。紫云英种子硬实率较高，播种前须进行打破硬实处理。在未种植过紫云英的土壤上播种时，种子应接种根瘤菌。田间排灌水沟系要开通、配套，做好水分的调控管理。

紫云英对磷、钾肥反应敏感。磷肥宜作底肥。播前每公顷施氮 75 千克、磷 60 千克和钾作底肥，苗期每公顷追施氯化钾 90 千克，开花前再喷施硼、钼肥可有效增加紫云英草产量。

◆ **翻压与利用**

紫云英作为绿肥翻压还田一般在盛花期或水稻播种栽插前 10～15 天进行。翻压的鲜草量以 1500～2000 千克/亩为宜。翻压方式可采用机械耕翻或旋耕，翻压深度以 15～20 厘米为宜。作牧草利用的刈割时间一般为初花期前后，可以用来饲喂猪、牛、羊、马、兔、鸡、鹅等畜禽。利用方式可青饲，也可调制干草、干草粉、草颗粒或青贮料。

◆ **主要用途**

紫云英适应性广，与根瘤菌共生固氮可增加土壤中的氮肥，同时可活化土壤中的磷素、疏松土壤、积累有机质等。紫云英鲜草柔嫩多汁，营养物质全面，是一种蛋白质含量丰富的优质饲草。

草地早熟禾

草地早熟禾是禾本科早熟禾属多年生根茎疏丛型草本植物，温带和寒温带地区最常用的冷季型草坪草。又称肯塔基早熟禾、肯塔基蓝草、六月禾。

　　草地早熟禾在北美洲、欧洲及中国北方和长江中下游冷湿地区有野生分布。

　　草地早熟禾秆丛生，光滑，株高15～50厘米。叶舌缺或膜质，长0.2～1厘米，截形。叶环中等宽度，分离，光滑，黄绿色，无叶耳。叶片呈V形扁平，宽2～4毫米，柔软，多光滑，顶部船形，中脉两侧各脉透明，边缘较粗糙。茎秆节间压缩，相对柔软。圆锥花序开展，长13～20厘米，分枝下部裸露；小穗长4～6毫米，含3～5小花；第一颖长2.5～5毫米，具1脉，第二颖宽，披针形，长3～4毫米，具3脉；外稃纸质，顶端钝面多少有些膜质，脊与边缘在中部以下有长柔毛，间脉明显隆起，基盘具稠密白色绵毛；第一外稃长3～3.5毫米，内稃短于外稃，脊上粗糙；花药长1.2～2毫米。颖果呈纺锤形，长2.5～3毫米，成熟后与内稃和外稃分离。

　　草地早熟禾品种达几百个。根据品种特性将其划分为6种类型，即紧凑型、贝尔维尤型、中大西洋型、BVMG型、普通型或中西部型、侵占型。

　　草地早熟禾广泛适应于温带、寒温带和过渡带，喜冷凉湿润、光照充足的环境，抗寒性强，耐阴性中等，抗旱抗热性较差，在较高温度和水分缺乏下，生长减慢或休眠。喜湿润肥沃、排水良好、中等质地的壤土或沙壤土，最适pH6～7，最适生长温度

草地早熟禾

15 ～ 24℃。草坪绿色期较长，在北京地区可达 270 天以上。

以播种建植草坪为主，也可用分株栽植的方法建坪。播种期以春、秋两季为宜。播种前应精细整地，播种后要压实土壤。播种量为 8 ～ 12 克 / 米²，播种深度 1 ～ 1.5 厘米。发芽较多年生黑麦草慢，播后 l0 ～ 21 天出苗，幼苗生长缓慢，一般 60 ～ 75 天成坪，苗期易受杂草侵害，应注意防除杂草。修剪高度宜为 2.5 ～ 5 厘米。建成 4 ～ 5 年后，需进行补播或更新复壮，以避免草坪退化。草地早熟禾草坪易受病害侵染，春季易感白粉病，夏季易感斑枯病，秋季易感锈病，也易受地下害虫蛴螬危害。因此，草坪管理中需注意病虫害防治。

草地早熟禾草叶片柔软，质地细腻，色泽深绿，坪面平整，坪观质量好，广泛用于庭院、公园、街道、医院、学校等公共绿地及高尔夫球场球道、运动场草坪，还可用于堤坝护坡等草坪。

加拿大早熟禾

加拿大早熟禾是禾本科早熟禾属多年生草本植物。别称扁茎早熟禾。

加拿大早熟禾生长于欧亚大陆西部，广泛分布于寒冷潮湿气候带中更冷地区，是优良的冷季型草坪草，在加拿大、日本等都有分布。

加拿大早熟禾具短小根茎。叶片扁平或边缘稍内卷，长 3 ～ 12 厘米，宽 1 ～ 4 毫米，蓝色到灰绿色不等，叶尖呈船形；叶舌膜质，长 0.5 ～ 1.5 毫米，截形，全缘，无叶耳；圆锥花序狭窄，分枝粗糙。

加拿大早熟禾培育的品种较少，建植中多使用野生种。加拿大早熟禾具有较好的抗旱性、耐阴性和耐践踏性。常在过于干旱且无灌溉设施、草地早熟禾无法生长的冷凉地区建植草坪。适应土壤范围广，尤其适应贫瘠、干旱、偏酸性土壤。

加拿大早熟禾主要通过种子直播法建坪。修剪高度以 7.5 ～ 10 厘米为宜。易感病害有褐斑病、锈病、白粉病、长蠕孢叶斑病等。常与草地早熟禾、高羊茅等混播建植草坪，以提高草坪整体的抗逆性。加拿大早熟禾也可能成为草地早熟禾等冷季型草坪中的杂草。

加拿大早熟禾植株密度较低，叶片色泽蓝绿，形成的草坪质地粗糙，坪观质量低，一般用于低质量、低养护水平的草坪区域，如路旁草坪、水土保持绿地等。

一年生早熟禾

一年生早熟禾是禾本科早熟禾属一年生或冬性丛生植物。别称早熟禾、小青草、小鸡草、冷草等。

一年生早熟禾广泛分布于欧洲、亚洲、北美洲温带地区，中国江苏、四川、贵州、云南、广西、广东、海南、台湾、福建、江西、湖南、湖北、安徽、河南、山东、新疆、甘肃、青海、内蒙古、山西、河北、辽宁、吉林、黑龙江等地均有分布。

一年生早熟禾茎秆直立或倾斜。高 6 ～ 30 厘米，质软，平滑无毛。叶鞘稍压扁，中部以下闭合；叶舌膜质，长 1 ～ 5 毫米，圆头；叶片扁平或对折，长 2 ～ 12 厘米，宽 1 ～ 4 毫米，质地柔软，常有横脉纹，顶端呈船形，边缘微粗糙。圆锥花序宽卵形，长 3 ～ 7 厘米，开展；分枝 1 ～ 3 枚着生于各节，平滑；小穗小，卵形，无刚毛，排列成簇，含

一年生早熟禾

3～5 小花，长 3～6 毫米，绿色；颖质薄，具宽膜质边缘，顶端钝，第一颖披针形，长 1.5～3 毫米，具 1 脉，第二颖长 2～4 毫米，具 3 脉；外稃卵圆形，顶端与边缘宽膜质，具明显 5 脉，脊与边脉下部具柔毛，间脉近基部有柔毛，基盘无绵毛；内稃与外稃近等长，两脊密生丝状毛；花药黄色，长 0.6～0.8 毫米，为其宽的 2 倍。颖果呈纺锤形，长约 2 毫米。

野生种主要生长于海拔 100～4800 米的平原、丘陵的路旁草地、田野水沟或荫蔽荒坡湿地。适宜在潮湿、肥沃、pH5.5～6.4 的土壤生长，耐热、耐旱和耐盐碱性能较差。根系浅，生长时主要利用土壤表层养分；生长速度快，竞争侵占能力强，再生力强，耐低修剪、耐践踏。以种子繁殖为主。

一年生早熟禾是冷季型草坪中常见的恶性杂草，常侵入草地早熟禾、多年生黑麦草、匍匐剪股颖草坪中，入侵草坪后较难根除，造成草坪坪面斑驳，景观质量下降，且在修剪高度不足 1 厘米时仍能开花结实，形成种子。

一年生黑麦草

一年生黑麦草是禾本科黑麦草属一年生、越年生或短期多年生疏丛型草本植物。别称多花黑麦草、意大利黑麦草。

一年生黑麦草原产于欧洲南部，模式标本采自法国。广泛分布于非洲、欧洲、亚洲西南部，以及中国新疆、陕西、河北、湖南、贵州、云南、四川、江西等省区。

一年生黑麦草分蘖多，秆直立或基部偃卧节上生根，高 50～130 厘米，具 4～5 节。须根发达，主要分布于 15 厘米以上土层。叶鞘疏松；叶舌常缺失，具长叶耳；叶片扁平，长 10～20 厘米，宽 3～8 毫米，无毛，上面微粗糙。总状花序，直立或弯曲，长 15～30 厘米，宽 5～8 厘米；穗轴柔软，节间长 10～15 毫米，无毛，上面微粗糙；小穗含 10～15 小花，长 10～18 毫米，宽 3～5 毫米；小穗轴节间长约 1 毫米，平滑无毛；颖披针形，质地较硬，具 5～7 脉，长 5～8 毫米，具狭膜质边缘，顶端钝，通常与第一小花等长；外稃长圆状披针形，长约 6 毫米，具 5 脉，基盘小，顶端膜质透明，具长 5～15 毫米细芒，或上部小花无芒；内稃与外稃约等长，脊上具纤毛。颖果长圆形，长为宽的 3 倍。与多年生黑麦草主要区别为，幼叶为卷曲式，颜色相对较浅且粗糙。

一年生黑麦草喜温暖、湿润气候，在昼夜温度为 27℃/12℃时生长最快。适宜在年降水量 800～1000 毫米地区栽培。在潮湿、排水良好的肥沃土壤和有灌溉条件生长良好。最适土壤 pH 为 6～7。不耐严寒和炎热。以种子繁殖为主，异花授粉，风媒。落粒种子自繁能力强。

一年生黑麦草常以种子播种建植草坪。春、秋季播种最佳，播种量为 20～40 克/米^2。播后 4～6 天出苗，30 天左右即可成坪。生长速度快，草坪养护中需经常修剪，修剪高度 3 ～ 5 厘米或更高。

一年生黑麦草常作为临时植被用于建植草坪，也可用作过渡带地区暖季型草坪的交播草种。

多年生黑麦草

多年生黑麦草是禾本科黑麦草属多年生疏丛型草本植物。别称宿根黑麦草。

多年生黑麦草原产于欧洲西南部、北非及亚洲西南部，模式标本采自欧洲。广泛分布于克什米尔地区、巴基斯坦、欧洲、亚洲暖温带、非洲北部，在中国华北地区、西北地区、四川、云南、贵州一带生长良好。野生种常见于草甸草场，路旁湿地。是黑麦草属中应用最广泛的冷季型草坪草。

多年生黑麦草分蘖多，秆高 30 ～ 90 厘米，具 3 ～ 4 节，质软，基部节上生根。须根发达，主要分布于 15 厘米以上土层，具不明显的细弱根状茎。叶舌缺失，叶片线形，长 5 ～ 20 厘米，宽 3 ～ 6 毫米，柔软，具微毛，叶耳常缺失。穗状花序直立或稍弯，长 10 ～ 20 厘米，宽 5 ～ 8 厘米；小穗轴节间长约 1 毫米，平滑无毛；颖披针形，为其小穗长的 1/3，具 5 脉，边缘狭膜质；外稃长圆形，草质，长 5 ～ 9 毫米，具 5 脉，平滑，基盘明显，顶端无芒，或上部小穗具短芒，第一外稃长约 7 毫米；内稃与外稃等长，两脊生短纤毛。颖果长约为宽的 3 倍。

多年生黑麦草喜温凉、湿润气候，在昼夜温度为 21℃ /16℃时生长最快。适宜在年降水量 1000 ～ 1500 毫米地区栽培。在潮湿、排水良好的肥沃土壤和有灌溉条件下生长良好。最适土壤 pH 为 6.0 ～ 7.0。不耐严寒和炎热，耐寒性弱于草地早熟禾，耐旱耐热性弱于高羊茅。较耐践踏，绿色期长，在北京地区绿色期一般在 270 天以上。

多年生黑麦草主要以种子播种建植草坪，亦可分株繁殖建坪。播种时间以春、秋季最佳，播种量为 20 ～ 40 克 / 米^2。种子发芽快，播种后 4 ～ 6 天出苗，幼苗生长速度快，30 天左右即可成坪。生长速度较快，为保证坪观质量，需经常修剪，修剪高度以 2 ～ 5 厘米为宜。很少单播，常与草地早熟禾、高羊茅、紫羊茅等混播建坪，混播时所占比例应低于 20%。

多年生黑麦草广泛用于冷凉地区的庭院、广场、机场、公园、街道等绿地草坪。可与高羊茅、鸭茅、红三叶、白三叶等混播建植护坡草地，亦可用于过渡带地区暖季型草坪的冬季交播材料，如高尔夫球场球道草坪的交播。

粗茎早熟禾

粗茎早熟禾是禾本科早熟禾属多年生草本植物，是湿润冷凉地区的优质冷季型草坪草。又称普通早熟禾、粗茎兰草、阴地兰草。

粗茎早熟禾原产于欧洲北部、亚洲温带和非洲北部，为北半球广布种。

粗茎早熟禾具匍匐状细弱根状茎，茎秆丛生，高 30 ～ 60 厘米，直立或基部倾斜；根系较浅；叶片平展或呈 V 形，宽 2 ～ 4 毫米，具光泽，淡黄绿色，柔软，表面光滑，在中脉两侧有两条明线；叶鞘压扁状，背面粗糙，略带紫色，开裂；叶舌膜质，长 4 ～ 6 毫米，全缘或纤毛状；无叶耳；叶环明显、较宽、光滑；圆锥花序直立，开展，长 12 ～ 20 厘米，轮生在粗糙的茎上，穗下的叶鞘和茎秆粗糙；颖果纺锤形，长 1.5～2毫米。

第一个粗茎早熟禾品种 ‘*Sabre*’ 是 1977 年由美国新泽西农业试验站采用轮回选择方法培育而成。该品种具有低矮、叶色浓绿、生长密度高等特性，投放到市场后很快被应用于冬季交播狗牙根草坪和阴湿地草坪的建植。品种 ‘*Laser*’ 经过 5 个轮回选择于 1998 年投放到市场，抗病性优良。经过杂交选育的品种还有 ‘*Laser* II’ ‘*Winterplay*’ ‘*Cypress*’ ‘*Colt*’ ‘*Stardust*’ 和 ‘*Darkhorse*’ 等。

粗茎早熟禾喜冷凉湿润气候，耐寒耐荫，因其根系生长较浅，抗旱和抗热能力差。适应于寒冷潮湿气候带和过渡带种植。在灌溉条件下，可在干旱和寒冷半干旱区生长。喜肥沃土壤，最适 pH6.0～7.0，不耐酸碱，在酸性贫瘠土壤上生长不良。

粗茎早熟禾既可单播建坪，也可混播。由于种子细小，播前应仔细平整土地，清除地表杂物，施足底肥。播种期以春、秋两季为宜，北方地区秋季播种更佳，春季播种前需先灌溉，而后整地播种。播种量以 15～20 克/米² 为佳，播深 1～2 厘米，覆土以不露出种子为宜，轻微镇压后浇水，保持地表湿润。10～24 天出苗。成坪后修剪高度为 3.5～5.0 厘米。粗茎早熟禾对 2,4-D-丁酯和其他部分

粗茎早熟禾

除草剂敏感，在杂草防除中需注意。

粗茎早熟禾不耐践踏，耐旱性和耐热性也较差，常被用于寒冷、潮湿、荫蔽的环境中建植草坪，也可用于坪观质量要求不高的绿地和公园草坪。与其他草种混播可增强草坪的耐荫性，但为避免草坪外观不整齐，在混播中所占的比例不宜过高。可用于温暖地区冬季休眠的暖季型草坪的交播，以延长草坪绿色期和使用时间。

细弱剪股颖

细弱剪股颖是禾本科剪股颖属多年生草本植物。

细弱剪股颖最初生长于欧洲，是英国著名的传统草坪草种，后来作为草坪草引种于世界各地的寒冷潮湿地区，现已完全适合生长于新西兰、太平洋的西北部和北美洲的新英格兰地区。中国北方湿润带和西南部分地区也适宜其生长。

细弱剪股颖具短的根状茎和匍匐茎，匍匐茎的节一般不易生根。芽型卷曲式。叶鞘平滑，一般长于节间；叶舌膜质，长约 1 毫米，先端平；叶片窄线形，质厚，长 2～4 厘米，宽 1～1.5 毫米，干时内卷，边缘和脉上粗糙，先端渐尖。圆锥花序近椭圆形，开展。小穗紫褐色，穗梗近平滑。

细弱剪股颖抗寒性较好，但不及匍匐剪股颖抗寒，春季返青相对慢。耐热和耐旱性较弱，不耐践踏。侵占力和自我恢复能力明显弱于匍匐剪股颖。茎叶柔嫩，生长低矮，低修剪下可形成细腻、致密的草坪。适应的土壤范围较广，但在肥沃、潮湿、pH5.5～6.5 的细壤生长最好。

细弱剪股颖主要以种子直播法建坪，建坪速度快，但再生性较差。

修剪高度一般为 1～2 厘米。修剪高度过高时易产生枯草层。其需水量比匍匐剪股颖少，但需要高水平的氮肥，氮肥需要量为每个生长月 1.95～4.87 克/米^2。易感染币斑病、褐斑病、灰雪霉病等。易受除草剂，如 2,4-二氯苯氧乙酸（2,4-D）、双环戊烯基丙烯酸酯（DCPA）和 2,4,5-涕丙酸（2,4,5-TP）的伤害。

细弱剪股颖常与匍匐剪股颖混播形成致密的草坪，用于高尔夫球场发球台、球道及其他管理水平较高的草坪。

绒毛剪股颖

绒毛剪股颖是禾本科剪股颖属多年生草本植物。又称普通剪股颖。

绒毛剪股颖最初生长于欧洲，后又生长在新英格兰。中国东北和华北潮湿地带，以及西南偏冷地区适宜其生长。

绒毛剪股颖具匍匐茎。秆丛生，直立或基部稍倾斜上升。芽型卷曲式，叶鞘无毛，上部叶鞘短于节间；叶片线形，扁平，宽 1 毫米，扁平或先端内卷成锥状，微粗糙。叶舌膜质，长 0.4～0.8 毫米，先端尖。圆锥花序尖塔形或长圆形，疏松开展。基盘两侧有长 0.2 毫米的短毛。

绒毛剪股颖主要分布于寒冷潮湿地区，形成的草坪细腻致密，均一柔软。耐热、耐旱，喜通透性好、弱酸性、中等肥力的土壤，不适于通气性差、排水不良的土壤。

绒毛剪股颖多以种子直播法建坪，有时也用匍匐茎营养繁殖。再生能力弱，建坪速度较慢。在 0.5～1 厘米低修剪下可产生均一、致密的高质量草坪。氮肥需要量中等，经常进行覆沙作业可减少枯草层积累。

易感染币斑病、褐斑病、腐霉枯萎病等。

绒毛剪股颖可用于适生区域的高尔夫球场果岭和发球台草坪。

匍匐剪股颖

匍匐剪股颖是禾本科剪股颖属多年生草本植物。又称匍茎剪股颖、本特草。

匍匐剪股颖分布于欧亚大陆的温带和北美洲。中国东北、华北、西北及江西、浙江等地均有分布，常见于河边和较潮湿的草地。

匍匐剪股颖具发达的匍匐茎，节上可生不定根。芽型卷曲式，叶片线形，叶鞘稍带紫色，叶舌膜质，长2.5～3.5毫米。圆锥花序卵状长圆形，带紫色，成熟后呈紫铜色。小穗长2毫米，二颖等长。外稃顶端钝圆，内稃较外稃短。颖果卵形，黄褐色，长约1毫米，宽约0.4毫米。

匍匐剪股颖喜冷凉湿润气候，耐寒、耐热、耐瘠薄、耐强度低修剪，修剪高度可低至5毫米，喜阳光充足条件，但也有一定耐阴性。匍匐茎横向蔓延能力强，能迅速覆盖地面，形成致密草坪。但匍匐茎节上不定根入土浅，耐旱性较弱。对土壤要求不严，在微酸性至微碱性土壤均能生长，喜湿润肥沃、通透性良好的土壤，对紧实土壤的适应性差。春季返青较慢，在北京地区绿色期为250～260天。

匍匐剪股颖

匍匐剪股颖种子和匍匐茎繁殖均可。播种量 3 ~ 5 克 / 米 ^{2}，春、秋季均可播种。因种子细小，播种前需精细整地，播种后切忌覆土过深，以轻耙不见种子即可。出苗后应保证土壤潮湿，注意除杂草。栽植匍匐茎或移栽成活的关键是保证土壤充足的水分。由于该草生长快，需水量大，成坪后应注意浇水和修剪。修剪高度在 2 厘米左右时能形成致密、均一、细腻的草坪，修剪高度过高则引起枯草层的形成和积累，降低草坪质量。用作高尔夫球场果岭时，其修剪高度常为 5 毫米左右。在此修剪高度下，匍匐剪股颖抗病虫害能力较差，需精细管理。

匍匐剪股颖主要用作高尔夫球场果岭和发球台、草地网球场、草地保龄球场等精细管理的草坪，也可用于公园、庭院等养护水平较高的绿地。由于其匍匐茎侵占性强，一般不与冷季型草坪草混播。

狗牙根

狗牙根是禾本科狗牙根属多年生草本植物。又称普通狗牙根，别称百慕大。

狗牙根是中国分布较广的暖季型草坪草，碳四（C_4）植物，西到新疆、东至东海、黄海滩涂，南到海南三沙，北至黄河流域都有野生种群分布。多数为四倍体 $4n=36$。

狗牙根具发达的根状茎和匍匐茎，匍匐于地表生长，较细且坚韧，有弹性，光滑无毛，每个节上能够产生不定根和侧芽。叶片线形或披针形，长 1 ~ 12 厘米，宽 1 ~ 3 毫米，两面光滑无毛；叶鞘微具脊，叶舌为一轮纤毛。抽穗期为 5 ~ 10 月，穗状花序，2 ~ 5 枚穗状花序呈指状着生于顶部；小穗灰绿色或带紫色，无芒，含 1～2 小花；颖狭窄，先端渐尖，近等长，宿存；小穗轴脱节于颖之上并延伸至小花之后成芒针状或其上端具退化小花；第一小花外稃舟形，纸质兼膜质，具 3 脉，侧脉靠近边缘，内稃膜质，具 2 脉，与外稃等长；花被退化为 2 个小鳞被；花药淡紫色；子房无毛，柱头紫红色；颖果长圆柱形。

狗牙根在中国的适生区域主要是长江流域及其以南地区。在黄河流域及以北地区，虽然有一些野生种群分布，但由于其耐寒能力较差，在冬季持续 -10℃以下时，休眠草茎的死亡率较高，越冬后返青质量较差，需要整个生长季节才能逐步恢复其草坪质量，因此一般不宜作为草坪大规模栽培种植。其主要以匍匐生长为主，草层低矮，耐旱性强，耐践踏，耐粗放管理，耐荫性相对较差。

与杂交狗牙根相比，狗牙根的最大优势是能够用种子进行繁殖和建植草坪。美国俄克拉何马州立大学是狗牙根草坪的主要育种单位，主要代表性品种有育空，在狗牙根的抗冷性状上有较大的改良，提高了狗牙根在气候过渡带地区的越冬率；公主 77 品种在草坪质地上有较大的改良，能够耐受 4～5 毫米的低修剪，其草坪品质可以与杂交狗牙根天堂419 品种相媲美。另外，美国农业部滨海盐土试验站从中国上海的野生狗牙根材料中选育出了 Tifton 10 品种，在美国中部地区的粗放养护草坪上应用甚广。

中国狗牙根育成的草坪品种主要有江苏省植物研究所的阳江狗牙根品种，在草坪密度上有所改良；上海交通大学育成的运动百慕大品种，在草坪的耐踩踏能力上有所改良；河北农业大学育成的保定狗牙根品种，在狗牙根的越冬性状上有所改良。

在密度较稀时，狗牙根主要以匍匐茎紧贴地表生长为主，但在其成坪后，主要由匍匐茎和根状茎上的侧芽向上进行垂直生长，其垂直生长的特性不利于维持草坪低矮、致密的质量，需要频繁的修剪以抑制其垂直生长，维持其分蘖节位与叶片紧贴地表。因此，狗牙根草坪对修剪有较高的要求。

狗牙根的适应性广，抗逆性和耐践踏能力强，可应用于较粗放管理的生态草坪上，其改良品种可应用于开放的公园绿地、体育运动场和高尔夫球道、发球台等草坪上。

结缕草

结缕草是禾本科结缕草属多年生草本植物。

结缕草分布于朝鲜、日本以及中国等地。在中国分布于吉林、辽宁、山东、河北、河南、上海、江苏、安徽、浙江、福建及台湾等地。生长于海拔 200 ～ 500 米的地区，多生在山坡、平原和海滨草地。

结缕草具发达的根茎和匍匐茎，匍匐茎绿色或紫色。株高为 15 ～ 20 厘米，叶片革质，宽 2 ～ 5 毫米，总状花序，小穗卵圆形，小穗柄通常弯曲，长可达 5 毫米。颖果卵形，长 1.2 ～ 2 毫米。花果期在 4 ～ 8 月，结缕草开花习性为雌蕊先熟、雄蕊后熟，花序顶部小穗先开花。

结缕草耐热且非常耐寒，在 -33℃ 低温下可安全越冬。当气温 ≤ -10℃ 时，心叶仍绿，耐湿，也耐中等干旱，喜光，亦耐半阴，耐盐。对土壤要求不严，适生土壤的 pH 为 5.5 ～ 7.5，在哈尔滨绿期为 130 天，

在北京为 170 ～ 190 天，在
南京为 260 ～ 280 天，在广
州和海南可达 330 天以上。

　结缕草可营养繁殖也可
种子繁殖。用种子建坪，需
对种子通过化学或物理方法
进行处理，否则种子自然萌

结缕草

发率较低（≤25%）。由于种子直播的结缕草苗期生长缓慢，需管理1～2
年才可形成成熟草坪。而利用营养繁殖方法建植草坪，可采用条栽法、
点栽法、种茎撒播法或满铺法种植，一般 2 ～ 3 个月即可形成成熟草坪。

　结缕草主要用于运动场地、观赏草坪、水土保持和护坡等草坪地
建植。

野牛草

　野牛草是禾本科野牛草属多年生暖季型草坪草。

　野牛草原产于北美大平原干旱、半干旱地区，自然群落主要分布在
美国、加拿大、墨西哥中部干旱地带，是草原的优势种之一。20 世纪
40 年代，作为水土保持植物首次引入中国甘肃天水地区，由于抗逆性
突出，在中国西北、华北及东北地区逐步推广。

　野牛草具发达匍匐茎，株高 5 ～ 25 厘米，叶片质地纤细、灰绿色，
叶表面附纤细茸毛，雌雄异株或同株。雄穗花序 1 ～ 3 枚，排列成总状；
雌花序成球形，上部为膨大的叶鞘所包裹，常 4 ～ 5 枚簇生成头状花序。

中国培育的品种主要有京引野牛草（营养繁殖品种）和中坪一号（种子型品种）。京引野牛草绿期长，纯雌株，匍匐茎扩展较快，雌花结实部位较高，便于机械收获种子。中坪一号根系强大、植株低矮、长势缓慢、抗病性强、耐干旱。在北京地区，一年除灌溉 2 次水外（封冻水和返青水），整个生长季节无须灌溉即可正常生长，节水效果明显。

野牛草雄株

野牛草抗寒耐热，抗旱性极强、耗水少，生长低矮，耐贫瘠、抗病虫害能力强，具有一定的耐阴性。耐粗放管理。绿色期相对较短，在北京地区，绿色期一般为 170 ～ 180 天。

野牛草可采用间铺法建植草坪，即将野牛草草皮切成约 7 厘米 ×12 厘米的小块，采用铺砖的方式，各块之间相距 3 ～ 6 厘米，铺植面积占总面积的 1/3，在铺植时注意使草皮高度与地面保持一致，铺设完成后镇压、浇水，一般 3 个月就能成坪。耐瘠薄，在中等肥力的土壤中可不追肥，但如果土壤瘠薄应适当追肥。野牛草生长到一定高度时需适当修剪，生长旺盛期可修剪 2 次，修剪高度 4 厘米以上，其余时期一般不需修剪。

野牛草在高速公路边坡、机场跑道、河湖堤岸、郊野公园等低养护区域应用广泛；此外，其具有抗二氧化硫和氟化氢等特性，亦适宜在工矿企业绿地建设中使用。

地毯草

地毯草是禾本科地毯草属多年生草本植物。又称大叶油草。

地毯草原产南美洲，世界各热带、亚热带地区有引种栽培，分布于巴西、阿根廷等中、南美洲诸国。中国早期从美洲引入，在台湾、广东、广西、云南等地区有分布。常生长于荒野、路旁较潮湿处。因其匍匐枝蔓延迅速，每节上都有根和抽出新枝，植物平铺地面成毯状，故称地毯草。

地毯草植株低矮，高8～60厘米，节密生灰白色柔毛，具长匍匐枝；叶鞘松弛，基部者互相跨复，压扁，呈脊，边缘质较薄，近鞘口处常疏生毛；叶舌长约0.5毫米；叶片扁平，质地柔薄，长5～10厘米，宽6～12毫米，两面无毛或上面被柔毛，近基部边缘疏生纤毛。总状花序2～5枚，长4～8厘米，最长2枚成对而生，呈指状排列在主轴上。小穗长圆状披针形，长2.2～2.5毫米，疏生柔毛，单生；第一颖缺；第二颖与第一外稃等长或第二颖稍短。第一内稃缺，第二外稃草质，短于小穗，具细点状横皱纹，先端钝而疏生细毛，边缘稍厚，包着同质内稃。鳞片2，折叠，具细脉纹。花柱基分离，柱头羽状，白色。叶片柔软，翠绿色，短而钝，长4～6厘米，宽8毫米左右。总状花序，长4～6厘米，较纤细，2～3枚近指状排列于枝顶。小穗长2～2.5毫米，排列三角形穗轴的一侧，种子长卵形。

地毯草适生于热带、亚热带地区较温暖的地方。喜光，较耐阴，再生力强，耐践踏，耐酸性土壤，但不耐寒，不耐盐，抗旱性差。对土壤要求不严格，适宜在潮湿、沙质或低肥沙壤土生长，在水淹条件下生长不好。匍匐茎蔓延迅速，每节均能产生不定根和分蘖新枝，侵占力较强，容易形成稠密平坦的草层。耐寒性较差，易由于霜冻而使叶尖或半片叶子呈现枯黄，但春季返青早且速度快。夏季干旱无雨时，叶尖易干枯。

地毯草结实率和萌发率均高，可用种子繁殖，亦可用营养繁殖。营养繁殖时，在温暖湿润的春夏间，切取匍匐茎或草块埋植土中，即可生长发芽。条植行距15厘米，经70～75天盖度可达100%。较耐粗放管理，草层低，修剪次数少，修剪高度为5厘米左右。

地毯草形成的草坪粗糙、致密、低矮、淡绿色，可用于庭院和践踏较轻的草坪，在广州其常与其他草种混合铺植运动场草坪，在成都其常用作休息活动草坪。能耐酸性和较贫瘠的土壤，为优良的固土护坡植物。

钝叶草

钝叶草是禾本科钝叶草属多年生草本植物。

钝叶草产于中国广东、云南等省，缅甸、马来西亚等亚洲热带地区也有分布。多生长于海拔1100米以下的湿润草地、林缘或疏林中。

钝叶草具发达匍匐茎，秆下部匍匐，于节处生根，向上抽出高10～40厘米的直立花枝。叶鞘松弛，通常长于节间，压扁而于背部具脊，常仅包节间下部，平滑无毛。叶折叠式，叶片和叶鞘相交处有一个明显的缢痕及有一个扭转角度；叶舌极短，顶端有白色短纤毛。叶片带状，长5～17厘米，宽5～11毫米，顶端微钝，具短尖头，基部截平或近圆形，两面无毛，边缘粗糙。花序主轴扁平呈叶状，具翼，长 10 ～ 15 厘米，宽 3 ～ 5 毫米，边缘微粗糙。穗状花序嵌生于主轴的凹穴内，长 7 ～ 18 毫米，穗轴三棱形，边缘粗糙，顶端延伸于顶生小穗之上而成一小尖头。小穗互生，卵状披针形，长 4 ～ 4.5 毫米，含 2 小花而仅第二小花结实。颖先端尖，脉间有小横脉，第一颖广卵形，长为小穗的 1/2 ～ 2/3，第二颖约与小穗等长，具 9 ～ 11 脉；第一小花雄性。第一外稃与小穗等长，具 7 脉，内稃厚膜质，略短于外稃，具 2 脉。第 2 外稃革质，有被微毛的小尖头，边缘包卷内稃。

钝叶草适于在温暖潮湿、气候较热的地方生长。在低温下褪色，变成棕黄色，冬季休眠。冬季保绿性能和春季返青性能不如结缕草。抗旱性差，耐阴性强，耐盐性较强。适宜的土壤范围广，喜排水好、潮湿、肥沃、沙质的土壤，适宜的土壤 pH 为 6.5 ～ 7.5。

因钝叶草的种子量少且活力低，草坪建植中以营养繁殖为主，蔓生能力强，建坪速度快。再生性强，耐践踏性不如狗牙根和结缕草。需要中等及中等偏下的养护水平。修剪高度以 3.8 ～ 6.3 厘米为宜，低于 2.5 厘米易造成杂草侵入。氮肥需要量为每个生长月 2.5 ～ 5.0 克 / 米 ^{2}。钝叶草常因缺铁而使叶子失绿变成黄色，可通过施用硫酸铁和铁的混合物来调整。在肥料不充足时，枯草层会很严重。对长蟀有很强的抗性，但易染褐斑病、灰叶斑病、币斑病，在某些地区其 SAD 病毒也很严重。不耐含砷和含苯氧烃的有机除草剂，如 2,4-二氯苯氧乙酸（2,4-D），对除草剂西玛通和阿特拉津的耐性好。

钝叶草主要用于温暖潮湿气候下较温暖地区的庭院草坪和不要求细

质的草坪，可以广泛用于阴地，不常用于运动场。

饲　草

扁穗冰草

扁穗冰草是禾本科冰草属一种牧草。是世界温带地区的牧草之一，也是改良干旱、半干旱草原的栽培牧草之一。又称野麦子、羽状小麦草。

◆ 分布

扁穗冰草广泛分布于俄罗斯东部、西伯利亚西部及亚洲中部等地域寒冷、干旱的草原上。在中国，主要分布在东北、西北和华北干旱草原地带。扁穗冰草生境为干旱草原、荒漠草原的干燥平地、山坡、丘陵及沙地，适应半湿润到干旱的气候。野生冰草很少形成单优群落，常与其他禾本科草、薹草及灌木混生。

◆ 形态特征

扁穗冰草须根密生，外具砂套，有时有地下横走的短根茎。茎秆疏丛直立，具 2～3 节，基部的节微呈膝曲状，高 20～60 厘米。叶披针形，长 5～15 厘米，宽 2～5 毫米，边缘内卷；叶脉上密被微小短硬毛。穗状花序直立，长 2～6 厘米，宽 8～15 毫米，小穗紧密平行排列呈篦齿状，含 4～7 花，长 10～13 毫米。颖舟形，常具 2 脊或 1 脊，被短刺毛，外稃长 6～7 毫米，舟形，被短刺毛，顶端具长 2～4 毫米的芒，内稃与外稃等长。颖果呈椭圆形，黄褐色，颖及稃上具芒尖。种子千粒重约 2 克。

◆ **生长习性**

扁穗冰草生境为干旱草原、荒漠草原的干燥平地、山坡、丘陵及沙地，适应半湿润到干旱的气候，在年降水量为 230 ～ 380 毫米的地区生长良好。耐旱性强，耐寒性强，在冬季 -45℃ 的高寒地带能安全越冬。对土壤的要求不严，特别是在栗钙土上生长良好，也有一定的耐盐碱性。野生冰草很少形成单优群落，常与其他禾本科草、薹草及灌木混生。分蘖能力和再生性强，返青早，枯黄迟，利用时间长。

◆ **育种利用**

至 20 世纪 80 年代，扁穗冰草常用作小麦远缘杂交的亲本。

◆ **栽培管理**

选地与整地

扁穗冰草适宜在中性或微碱性沙壤土或壤土中生长，最宜土壤 pH 为 7 ～ 8。应选择地势平坦、土层深厚、肥力中等、排水良好的地块。播种前进行精细整地、耙糖和镇压，使表层土壤平整、疏松，达到"上虚下实"。

选种与播种

扁穗冰草播种前宜将种子摊晒于干净的地面，厚度适中，每天上下翻晒 3 ～ 4 次，暴晒 3 ～ 4 天。在寒冷地区可春播或夏播，冬季气候较温和的地区以秋播为好。春播 4 月上、中旬地温稳定在 10℃ 以上时进行播种；秋播 8 月上旬至 8 月下旬，一般最迟不能超过初霜前 40 天，保证牧草在初霜前生长到 5 片叶子。条播时行距 20 ～ 30 厘米，播深 2 ～ 3 厘米，播种量为 0.75 ～ 1.5 千克 / 亩，播后适当镇压。可单播或与苜蓿、红豆草和早熟禾等混播。

田间管理

扁穗冰草播种前宜深耕，耕深 20～25 厘米。种肥为磷酸二铵 3.5～5 千克 / 亩，但肥料不得与种子混合，需分箱放置。种子和肥料之间应有隔离土，防止种肥直接接触种子。施肥深度 8～10 厘米。苗期、拔节期和抽穗期可追施尿素 10～15 千克 / 亩。可采用滴灌或喷灌进行灌溉，第二年浇返青水，返青后的第一次灌溉对冰草生长发育非常关键，特别对种子产量的影响较大；另外，要根据扁穗冰草的需水情况在拔节期、抽穗期、开花期适时灌溉，灌水量 40～80 米³/ 亩。冬灌对植株安全越冬和第二年返青非常有利，尤其对春季倒春寒有很好的预防作用，灌水量不超过 60 米³/ 亩。

病虫害防治

冰草抗病虫害的能力较强。只要温度适宜，湿度不大，扁穗冰草很少发生病虫害；但若种植过密、湿度过大、温度过高或过低，则易发生猝倒病、根腐病、蚜虫、白粉虱等病虫害。猝倒病、根腐病可用木霉菌可湿性粉剂 500 倍液防治，蚜虫、白粉虱等可采用吡蚜酮防治。

◆ **采收与加工**

扁穗冰草可作为放牧草利用。第一次放牧可于分蘖期（约 5 月下旬）进行，之后间隔 30～40 天放牧。刈割利用时，适宜刈割期为抽穗期，每年可刈割 2～3 次，刈割间隔 30～40 天。干草产量在 200～350 千克 / 亩。

扁穗冰草种子成熟比较一致，田间 60% 植株果穗下部 5 厘米呈现黄褐色时要及时收获种子。应选择天晴、通风、无露水的天气，可使用联合收割机进行收获、脱粒、脱粒后放在高温下翻晒干燥。

◆ 主要用途

扁穗冰草草质柔软，营养丰富，适口性佳，各种家畜喜食。又因其具有抗旱性、耐寒性、耐牧性以及产种子较多等优点，已成为中国北方干旱及半干旱地区人工草地建植的重要牧草之一。

因扁穗冰草根系发达、密生、入土较深，能够适应多种土壤的特点，因此也是一种良好的防风固沙、水土保持植物。

高燕麦草

高燕麦草是禾本科燕麦草属一种多年生草本植物。又称大蟹钓、长青草、燕麦草。

高燕麦草原产于欧洲中南部、地中海及非洲北部。广泛栽培于伊朗、德国、法国等国家。中国于 20 世纪 50 年代从苏联引进，又于 20 世纪 70 年代再次从加拿大等国引进，在湖南、湖北、四川、贵州、青海、甘肃、四川、宁夏、内蒙古等地已有栽培。

◆ 形态特征

高燕麦草须状根，粗壮，较坚韧，入土深，呈棕黄色。茎秆直立，疏丛型上繁草，或基部呈膝曲状，高 100 ～ 150 厘米，具 4 ～ 5 节。叶鞘松弛，平滑无毛，短于或基部者长于节间；秆生叶舌膜质，长约 1 毫米，顶端钝或平截。叶片扁平，粗糙或下面较平滑，长 14 ～ 25 厘米，宽 3 ～ 9 毫米。圆锥花序疏松，灰绿色或略带紫色，有光泽，长 20 ～ 25 厘米，宽 1 ～ 2.5 厘米。分枝簇生，直立，基部主枝长 7.5 ～ 11 厘米；小穗长 7 ～ 9 毫米；颖点状粗糙，第一颖长 4 ～ 6 毫米，第二颖几与小穗等长。外稃先端微 2 裂，1/3 以上粗糙，2/3 以下被稀疏柔毛，具 7 脉。第一小花雄性，仅具 3 枚雄蕊，花药黄色，长约 4 毫米，第一外稃基部的芒可为稃长的 2 倍。第二小花两性，花药长约 4 毫米，雌蕊顶端被毛，第二外稃先端的芒长 1 ～ 2 毫米。颖果，长椭圆形，淡黄褐色。种子千粒重 2.3 ～ 3.5 克。

◆ 生长习性

高燕麦草喜温暖湿润气候，能耐夏季炎热，也较耐寒。在中国西北高寒山区越冬困难；在内蒙古锡林郭勒盟生长，越冬率为 24%；在北京和吉林公主岭能正常越冬。耐旱抗碱力中等。高燕麦草种子发芽的最低温度为 3 ～ 4℃。幼苗能耐 -4 ～ -2℃ 的低温，成株遇 -4 ～ -3℃ 低温仍能缓慢生长，-6℃ 则受害。开化和灌浆期遇高温则影响结实。高燕麦草抗旱性弱，需水量较其他谷类作物多。

◆ 栽培管理

选地与整地

高燕麦草对土壤要求不严，适生于富含腐殖质的沙质黏土或黏土及干涸的沼泽地，不适于沙土和贫瘠的土壤。不耐荫，在南方温暖地区终年常绿，冬季可缓慢生长。于质地疏松的土壤生长状况最佳。

选种与播种

高燕麦草忌连作，在中国南方可春播（3 月）也可秋播（9 月），北方则多为春播（4 月）。用于短期草地（利用 2 ～ 3 年）。单播播种量 10 ~ 15 千克 / 亩。若用于青刈可适当密植，播种量增加 20% ~ 30%。一般采用条播，行距为 15 ~ 30 厘米，覆土深度 3 ~ 4 厘米。高燕麦草宜与豌豆、苕子等豆科作物混播，播种量占种子总量的 2/3 ~ 3/4。

田间管理

高燕麦草播种前一般耕深 15 厘米以上。每亩施基肥有机肥 1500 ~ 2500 千克，与耕作同时进行。不必要追肥，但也可适当追施磷肥和钾肥。高燕麦草于春旱、分蘖到拔节时最为需水，可采用滴灌或喷灌适时灌溉，灌水量 25 ~ 30 米^3/ 亩。

病虫害防治

高燕麦草最常见的病害为叶斑病和条斑病，主要症状为黄叶、枯苗。高燕麦草也易受蚜虫为害而被传染其他病害。及时刈割和喷洒农药可达到综合治理的效果。不耐杂草，特别在幼苗期、分蘖期需多进行人工或化学除草，同时不可连作年限太长，以进一步遏制杂草入田。

◆ **采收与加工**

青刈高燕麦草可在拔节至开花期刈割。第一次刈割留茬 5 ~ 8 厘米，产鲜草 100 ~ 150 千克 / 亩。晒制干草或青贮时宜在乳熟期到蜡熟期刈割。栽培在肥沃的土壤上，管理条件好的每年可

高燕麦草

刈割 3 ～ 4 次。收割高燕麦草尽量选择晴天、微风的天气使用人工刈割或联合收割机进行。也可在株高 20 ～ 25 厘米时开始放牧。一年可放牧 4 ～ 5 次。

高燕麦草种子易脱落，收种子应在穗的颜色由绿转黄时及时收割，可收种 25 ～ 50 千克 / 亩。

◆ 主要用途

高燕麦草放牧利用时，因其味略苦，适口性较差。由于其植株高大，茎细，叶量较多，因此宜于刈割后调制干草。高燕麦草含粗蛋白质中等，无氮浸出物丰富，粗纤维含量中等，是发展畜牧业、扩大草食动物生产的重要饲草作物。

鹰嘴紫云英

鹰嘴紫云英是豆科黄芪属多年生草本植物。又称鹰嘴黄芪。

苏联早在 20 世纪 20 年代就已试种鹰嘴紫云英，后传入加拿大和美国。中国于 20 世纪 70 年代初从美国和加拿大引入；1980 年至 1981 年又从加拿大引入渥克斯雷和卢塔纳 2 个鹰嘴紫云英品种。这些品种先后在北京、陕西、山西、河南、宁夏、内蒙古、辽宁、黑龙江等地试种，都表现良好。

◆ 形态特征

鹰嘴紫云英株高 40 ～ 60 厘米。有主根、侧根和支根。播种当年主根入土深可达 1 米以上，但大部分集中在 30 ～ 50 厘米的土壤中；当年产生数十条横走根，其上着生不定根，形成根蘖系统。根蘖着生新芽，并随时萌发，出现成片生长的密株丛。根瘤白色至浅黄色，初呈柏叶状，有分枝，进而发育成圆形，最大的根瘤直径可达 2 厘米以上。茎基部紫红色，上部绿色，直立或斜卧，容易引起下叶脱落。一般可从基部产生分枝 4 ～ 6 个，最多可达 10 个，植株越稀分枝越多。奇数羽状复叶，长 3 ～ 6 厘米，有柄，托叶 1 对，半包茎；小叶呈长椭圆状卵形，15 ～ 33 枚，长 2.5 ～ 4 厘米，宽 1 ～ 1.5 厘米，先端微尖，基部楔形，两面均有毛。总状花序腋生，长 4 ～ 6 厘米，有花 5 ～ 40 朵；花冠为绿白色，渐变为黄色或黄白色。果实膀胱状，幼时黄绿色，密生黄色茸毛，熟时黑褐色，较大，内有种子 3 ～ 11 粒。种子肾形，黄色，有光泽，千粒重 7 ～ 8 克。

◆ **生长习性**

鹰嘴紫云英喜温暖湿润气候条件，温带各地都能生长。抗寒性强，在中国哈尔滨地区，能抗 -35℃ 的严寒，即使雪层很薄也能安全越冬。也有较强的抗热能力，在北京地区酷暑期生长暂时停止，入夏前和出夏后都能旺盛生长。

鹰嘴紫云英生长迅速，植株密集，需水较多，适宜的年降水量为 500 ～ 600 毫米。当土壤水分不足时，根浅叶稀，生长不良。喜光性较强，但也能充分利用弱光。对日照长短不敏感，南北方引种都正常开花结实。喜在排水良好、土层深厚的黑土和改良的褐土、黄土上生长。

◆ **繁殖方法**

鹰嘴紫云英主要有 3 种繁殖方法：①种子处理。种子硬实率高，一般可达 60% ～ 80%。播种前必须进行种子处理。播前根瘤菌拌种。②种子直播。华北地区从早春土地解冻后至 8 月上旬皆可播种，亦可进行冬季寄籽播种。种子直播时宜条播或穴播，行距 40～50 厘米，播量 7.5 千克 / 公顷，播深 2～3 厘米。保持种子发芽苗床湿润。③营养繁殖。多采用根蘗繁殖和枝条扦插。根蘗繁殖是将根蘗截成 20～25 厘米长段直接栽植，或截成 10～15 厘米的短段在苗床育苗后移栽。枝条扦插要选取开花前的粗壮枝条，截成长 10～15 厘米、有 4～5 个叶的短段，去掉叶片，插入苗床，地上部留 2～3 个叶节。扦插后踏实并及时灌水，保持土壤湿润。苗高 15～20 厘米时进行移栽。

◆ 栽培管理

选地与整地

鹰嘴紫云英适宜在耕地、牧地、疏林灌丛和侵蚀地种植。一次种植可利用 5～10 年，但 5 年以后产量下降。由于种子细小，播种要求整地质量较高。土地翻耕深不少于 20 厘米，及时耙地和压地。

选种与播种

种子处理。硬实种子处理，播前用碾米机碾磨 1 次，或用温水浸泡 24 小时，捞出晾干后播种。播前用特制的根瘤菌剂接种，或取用其根旁菌土，阴干磨碎，拌入种子中。每 50 千克种子拌菌土 1.5～2 千克。

播种方法。春播要抢墒播种，在 3 月下旬或 4 月上旬；夏播在 6 月上、中旬，最迟不过 7 月上旬。条播有利于田间管理和除杂。

田间管理

鹰嘴紫云英栽培需根据其各生长阶段的不同要求及环境条件变化进行田间管理，主要有：①除草。幼苗生长缓慢，竞争力弱，要及时中耕除草 2 ～ 3 次。在渠堤、沟岸和侵蚀地种植，更要适时清除杂草。②施肥。应全期供给充足的磷肥和钾肥。以施基肥为主，施半腐熟堆肥、厩肥 37.5 ～ 45 吨 / 公顷，猪粪和牛粪均可。

◆ **采收与加工**

鹰嘴紫云英可放牧或刈割后直接饲喂家畜。做绿肥时直接翻耕入土。

◆ **价值**

饲料价值。鹰嘴紫云英属优良的牧草。草质柔软，营养丰富。据中国农业科学院畜牧研究所的化学分析，开花期干物质粗蛋白质含量为 20.5%，粗脂肪含量 3.5%。皂素含量低，反刍动物采食后无鼓胀病发生。

生态价值。鹰嘴紫云英的茎叶密集，覆盖度高，根蘖发达，固土力强，是优良的水土保持植物。美国早在 19 世纪 40 年代大量用于水土保持。中国将其用作理想的小流域治理、黄土高原沟壑改造的先锋植物。

杂花苜蓿

杂花苜蓿是豆科苜蓿属紫花苜蓿与黄花苜蓿经人工或天然杂交形成的多种花色杂合的复合体。为苜蓿属的种间杂交种。

部分西方学者称杂花苜蓿为紫花苜蓿的天然杂交复合体。杂花苜蓿既有紫花苜蓿产量高、草质优、再生快、长势好的优点，又具有黄花苜蓿抗寒、旱等抗逆性强的特点，营养价值与紫花苜蓿相当。由于杂花苜蓿的育成和推广应用，使得世界范围内苜蓿的种植面积进一步扩大，向高纬度、干旱、寒冷地区发展。

中国先后从国外引进杂花苜蓿几十个品种试种，其中有不少表现较好的品种，如格林苜蓿、润布勒苜蓿等，长势好，产量高，适宜在北方冬季较温暖的地区种植。此外，中国一些科研、教学及生产单位也已培育出一批优良杂花苜蓿品种，如内蒙古农业大学的草原1号和草原2号苜蓿，新疆农业大学的新牧1号杂花苜蓿，甘肃农业大学的甘农1号杂花苜蓿等。公农3号和甘农2号杂花苜蓿是具有根蘖性状的放牧型苜蓿新品种，适宜在东北、华北、西北等北纬46°以南的半干旱地区用作建立放牧利用的混播人工草地。

◆ **形态特征**

杂花苜蓿的形态特征与紫花苜蓿相似，所不同的是花的颜色为杂色。主根长达2～5米，根颈发达。茎直立或匍匐，光滑。株高30～100厘米，多分枝，15～25分枝不等。三出复叶，小叶片倒卵状长圆形，长2～2.5厘米，叶缘仅上部尖端有锯齿，小叶顶端有中肋突出；叶柄长而平滑；托叶大。花梗由叶腋抽出，花有短柄。花冠有紫、蓝紫、浅紫、黄、黄绿、白色等，8～25朵形成簇状的总状花序；萼钟状，有5齿。荚果螺旋形，2～3回不等，稍有毛，黑褐色，不开裂。荚果含种子1～6粒。种子肾形，黄褐色，千粒重1.5克。花期在5～6月，果期在7～8月。

◆ **生长习性**

杂花苜蓿适应性强，喜稍湿润而肥沃的壤土。抗寒性强，能在-43℃的低温下安全越冬。耐旱、耐盐碱、耐热性和抗病性均较强。对土壤要求不严格，适宜pH6.5～8.5的富含钙质的壤土或沙壤土上生长。北方地区越冬株一般5月中旬萌发，7月初至中旬现蕾。

◆ 繁殖／育种方法

杂花苜蓿的繁殖方法与苜蓿相同，一般采用种子繁殖。由于紫花苜蓿和黄花苜蓿为同属植物，染色体基数相同，亲缘关系较近，因此在紫花苜蓿品种改良和培育中，常利用黄花苜蓿抗寒、抗旱及某些抗病虫害的特点，通过种间杂交使杂花苜蓿在保持紫花苜蓿主要特点的基础上同时获得黄花苜蓿的某些抗逆性状，并且能在特定的地区和条件下有较好的表现。杂花苜蓿通过异花授粉和杂交可产生丰富的遗传变异，从而使种群内形成广泛的遗传多样性。

中国杂交培育的杂花苜蓿品种有草原 1 号苜蓿、草原 2 号苜蓿、新牧 1 号苜蓿、甘农 1 号杂花苜蓿、公农 3 号苜蓿等。

◆ 栽培管理

选地与整地

选择地势平坦、土壤肥沃的土地种植。需对土壤进行 25 ～ 30 厘米的深翻，并进行精细整地。要求地表平整无杂草，土块细碎。

播种

杂花苜蓿主要在东北、华北和西北地区种植。春、夏和秋季均可播种，以春季播种最为适宜。气温升至 10℃左右时可进行播种，播种深度 2 ～ 3 厘米，不宜太深。播种量每公顷 15 千克，收种田行距 60 ～ 70 厘米。

田间管理

返青时、幼苗期及刈割后再生期都要及时除草。最好灌水后进行除草。可采用中耕机械等进行。在每次刈割后，灌水的同时施尿素 75 千克 / 公顷。深灌、少浇。幼苗期减少灌水量，有利于扎根。

病虫害防治

杂花苜蓿的病害主要为褐斑病。在普遍发病时要尽早刈割，从而减少菌源的扩散，或通过喷洒 75% 的百菌清 500 ～ 600 倍液或 70% 的甲基托布津 1000 倍液等进行药物防治。虫害主要为蝗虫、黏虫等。可通过质量分数为 50% 的马拉硫磷乳油、质量分数为 40% 的乐果进行化学防治。

◆ 采收与加工

杂花苜蓿每年第一次刈割利用应在始花期，最后一次刈割宜在停止生长前 1 个月左右进行。收种田应在 70% ～ 80% 荚果变褐色时及时采收。

收割后的青草可调制青贮、干草，或进一步加工草粉、草块、草颗粒。

◆ 价值

杂花苜蓿结合了紫花苜蓿和黄花苜蓿的优点，适应性强，营养丰富，抗寒能力强，适合在严冬地区种植。

杂花苜蓿干草含粗蛋白 19.6%，粗脂肪 5.1%，含有丰富维生素和各种矿质元素以及牲畜生长发育所需的各种氨基酸和微量元素，具有较高的营养价值。

杂花苜蓿根系发达，根瘤多，具有优良的固氮能力，对于保持水土、改良土壤以及促进生态循环等方面具有重要作用。

菊 苣

菊苣是菊科菊苣属多年生草本植物。又称咖啡萝卜、咖啡草、欧洲菊苣。

菊苣原产于地中海沿岸一带，现广泛分布于欧洲、美洲、亚洲和大洋洲。中国主要分布在西北、东北和华北地区。该草具有适应性强、生长供草期长、营养价值高、适口性好、抗病虫害能力强等高产优质的特点。广泛用作饲草、蔬菜以及香料，是中国较具发展前途的饲草作物和经济作物，具有很高的推广利用价值。菊苣在中国的四川、重庆、山西、甘肃、陕西、黑龙江、安徽、江苏、河南等地广泛栽培应用，并取得了显著的经济、生态和社会效益。

◆ 形态特征

菊苣分为大叶直立型、小叶匍匐型和中间型3种类型。用作饲草栽培的一般为大叶直立型。主根长而粗壮、肉质，侧根粗壮发达，水平或斜向下分布。茎直立，有棱，中空，多分枝。株高170～200厘米。叶片边缘有波浪状微缺，叶背有稀疏茸毛，叶质脆嫩。折断和刈割后有白色乳汁流出。头状花序。舌状小花蓝色或蓝紫色，长约14毫米，有色斑。瘦果倒卵状、椭圆状或倒楔形，3～5棱。褐色，有棕黑色色斑。种子柱形、三角形或条形，千粒重1.2～1.5克。

◆ 生长习性

菊苣喜温暖湿润气候，耐寒性良好，适合中温带和暖温带种植。种子萌发的最适温度25～30℃；生长温度范围5～35℃，最适温度为18～25℃。5℃以下停止生长。该草耐寒性较强，在-10～-8℃时仍保持青绿，-20～-15℃能安全越冬。在年降水量600～800毫米地区种植较为合适。抗旱能力较强，但抗涝性差。菊苣生长期间对水分和肥料条件要求较高，需要有充足的水分和肥料供应。只要水肥供应充足，就具有较强的再生能力。生长期忌田间积水。因此，低洼地、水稻田一般不宜种植。喜光植物，但能耐一定的遮阴，在稀疏的林下也能很好地生长。对土壤要求不严，各种土壤均可种植。在排水良好、富含腐殖质、pH 为 5.5 ～ 7.5 的沙质土壤上种植较为理想。

◆ **繁殖／育种方法**

国外在菊苣育种方面的研究工作较多，并培育出很多满足不同需求的菊苣品种。如意大利，根据菊苣的收获时间、叶形和叶片大小，注册了 51 个品种。国外主要是通过研究影响菊苣生长的各个因素，来提高其产量和品质。最常见的饲用菊苣为普那。中国对其种质资源的研究及新品种选育仍待发展。中国仅有 2 个菊苣登记品种，并且都是引进品种，分别为普那和将军。

◆ **栽培管理**

选地与整地

菊苣宜选择地势平坦向阳、土层深厚的地带种植。播种前先深耕 25 ～ 30 厘米，然后用圆盘耙处理杂草及残茬，整平土地。施足底肥。底肥以猪粪最好，每公顷施腐熟厩肥 30 ～ 45 吨，再加 450 千克的过磷酸钙和硫酸钾 300 千克。

选种与播种

菊苣播种前 7 ～ 10 天，将种子放置在阴凉通风处晾晒 1 ～ 2 天可提高发芽率，但切忌在水泥地面暴晒。为保证全苗，播种前宜测定种子发芽率。一般进口的菊苣种子都用杀菌剂处理过，可以干播。如是自采种子或国内繁育的种子，可用凉水浸种，除去漂浮的种子。下沉的饱满种子出水后，晾去水分后即可播种。

菊苣适合春播或夏播，最适宜在 8 月中下旬播种。既可大田条播，也可育苗后大田移栽。大田条播行距 40 ～ 50 厘米，播种量为每公顷 4.5 ～ 5.5 千克。因菊苣种子细小，必须用细碎土拌种后播种。播种深度以 1 ～ 2 厘米为宜。

田间管理

一般在耕地前用灭生型除草剂先行喷洒，待 7 ～ 10 天后再行耕地播种菊苣。这样可有效地控制菊苣苗期的杂草为害。幼苗长至一定高度后，可竞争性抑制杂草生长，故无杂草为害之忧。齐

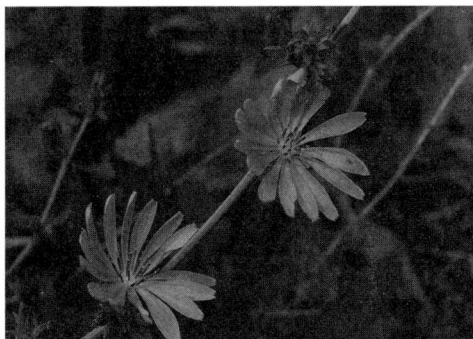

菊苣

苗后，要及时追施速效氮肥。每公顷可施尿素 150 ～ 225 千克，并灌溉，以促使幼苗快速生长。返青和每次刈割后，每公顷施尿素 225 ～ 300 千克或高效复合肥。菊苣高产栽培，要培土起垄，便于田间灌溉和及时排水。播单垄时按 40 ～ 50 厘米距离起垄，垄高 15 ～ 17 厘米；播双垄时按 80 ～ 90 厘米距离起垄，垄高 12 ～ 15 厘米，并做成 10 ～ 15 米长的畦。做到旱能灌、涝能排。菊苣播种前要浇透水，播种后保持土壤湿润。移栽时，定植后 4 ～ 5 天浇一次缓苗水，以后视墒情浇水。此外，每次刈割后，也要结合施肥尽量灌足水，确保肥效。雨水季节要及时排水，以防烂根死亡。

◆ 病虫害防治

虫害

菊苣虫害较轻。发生蚜虫时可用杀虫剂进行防治，有地下害虫时用相应的药剂进行灌根防治。

病害

霜霉病以春末和秋季发生最普遍，严重时可造成20%～40%产量损失。主要为害叶片，由基部向上部叶发展。发病初期在叶面形成浅黄色近圆形至多角形病斑，空气潮湿时叶背产生霜状霉层，有时可蔓延至叶面；后期病斑连片枯死，呈黄褐色，严重时全部外叶枯黄死亡。防治技术：首先要加强栽培管理。适当稀植，采用垄作，严禁大水漫灌。其次在发病前选用5%百菌清粉剂，每亩1千克喷粉预防，每隔10～15天喷一次；或选用45%安全型百菌清烟剂熏烟预防，每亩0.5千克，每隔7～10天一次；或者在发病初期选用50%安克可湿性粉剂兑水1500倍，或72%克露可湿性粉剂600～800倍喷雾，应尽量把药液喷到基部叶背。

腐烂病是菊苣生产中最常见的病害，一般在生长中后期开始发病，造成叶腐烂，严重时损失可达80%以上。腐烂病多从植株基部叶柄或根茎开始侵染，初期呈水浸状黄褐色斑，逐渐由叶柄向叶片扩展，由根茎或基部叶柄向上发展蔓延。空气潮湿时，表现为软腐，根基部或叶柄基部产生稀疏的蛛丝状菌丝；空气干燥时，植株呈褐色枯死，萎缩。另外一种腐烂类型，多从植株基部伤口开始，初呈浸润半透明状，后病部扩大成水浸状，充满浅灰褐色黏稠物，发出恶臭气味。防治技术：首选种子处理，可用种子重量0.4%的40%拌种双或50%多菌灵拌种；其次要加强栽培管理，施用充分腐熟的有机肥，适期播种，高温季节应用遮阳网遮阴，多雨季节及时排水。发现病株及早拔除。此外，发病初期可选用 70% 甲基托布津可湿性粉剂兑水 600 倍，或 70% 代森锰锌可湿性粉剂兑水 500 倍喷雾，重点喷洒植株基部。

◆ 采收与加工

当菊苣植株高度 50 厘米左右时，即可刈割利用。菊苣在河南黄河滩区种植时，从 3 月中下旬开始到 12 月上旬均可连续刈割利用。在夏秋高温季节里，刈割应尽量在早晚进行，留茬高度以 5～8 厘米为宜。每次刈割间隔时间为 30 天左右，全年可刈割 6～8 次。一般一年利用期长达 7～8 个月，且一次播种可连续利用 10 年以上。每公顷年产鲜草 150～225 吨。

◆ 价值

饲用价值

菊苣草质优良，尤以抽茎前营养价值最高。据分析测定，抽茎前刈割的鲜菊苣干物质含量 15% 左右，干物质中粗蛋白质含量20%～23%、粗纤维 12.5%、无氮浸出物 35%～42%、粗脂肪 4.6%、粗灰分 12.3%、钙 1.3%、磷 0.5%。全年收获的鲜菊苣干物质中粗蛋白质含量平均为 17%，且粗蛋白质中氨基酸组成齐全。菊苣总能和代谢能很高，是草食动物的良好饲料，也适合用作猪、兔和鹅的饲料。对鹅、兔的育肥有很好的效果。

药用价值

菊苣茎叶中含有多糖类、萜类、黄酮类和酚酸类等化学成分，具有保肝、抗菌、降血糖、调血脂和抗高尿酸血症等作用。菊苣的根富含有菊糖、酚类化合物及芳香族物质，可促进人体消化器官活动。所以，菊苣的地上部分及根均可入药。

食用价值

菊苣的叶片鲜嫩美味，富含蛋白质、膳食纤维、胡萝卜素和矿物质，可作蔬菜食用。菊苣的根、茎、叶还是生产食用菌的优质基料；肉质根可用作咖啡的代用品，并可从根茎中提取丰富的菊糖和香料，加工饮料。

园林绿化价值

菊苣叶色浓绿，成株即使在短期 -5 ～ -3℃时叶也能保持绿色；5月份开花，花色艳丽，呈蓝色、蓝紫色，花期可长达 4 个月，是很好的蜜源和绿化植物。另外，菊苣有一定的耐阴性，可用作很好的果园草。

黄花苜蓿

黄花苜蓿是豆科苜蓿属多年生草本植物。又称野苜蓿、镰荚苜蓿，与紫花苜蓿一起简称为苜蓿。

黄花苜蓿是蒙古高原重要的野生豆科牧草。主要分布在中国内蒙古、东北，以及俄罗斯、蒙古等寒冷地区。哈萨克斯坦、伊朗等中亚地区分布也很广泛。黄花苜蓿具有抗寒、抗旱、耐贫瘠、寿命长等优良特性，适宜在干旱、寒冷的地区推广种植。黄花苜蓿的产量低于紫花苜蓿，但其抗逆性强于紫花苜蓿，因此常用黄花苜蓿作为杂交亲本改良紫花苜蓿的抗寒性。黄花苜蓿一般青草产量在 3 万千克 / 公顷左右。不同地理来源的黄花苜蓿对寒冷的适应能力及其生产性能存在明显的差异。

◆ **形态特征**

黄花苜蓿的主根粗壮，木质化，侧根发达。株高 40～100 厘米。茎平卧或斜升，圆柱形，多分枝。羽状三出复叶；托叶披针形至线状披针形，先端长渐尖，全缘或稍具锯齿；叶柄细，比小叶短；小叶倒卵形至线状倒披针形，叶面无毛，叶背面贴伏毛，顶生小叶稍大。总状花序短，具花 6～20 朵，稠密。总花梗腋生，挺直。花冠黄色，旗瓣长倒卵形，翼瓣和龙骨瓣等长。子房线形，胚珠 2～5 粒。荚果镰形，有种子 2～4 粒。种子卵状椭圆形，黄褐色，千粒重 1.3 克。花期在 6～8 月，果期在 7～9 月。

◆ **生长习性**

黄花苜蓿属于多年生宿根型牧草，在干燥疏松的土壤上主根可深达 2～3 米。分枝能力很强，每株常可自根茎处萌生枝条 20～50 个。再生能力远不及紫花苜蓿，每年可刈割 1～2 次。喜稍湿润而肥沃的沙壤土。在中国东北及内蒙古东部地区，一般 5 月中旬萌发，7 月初至中旬现蕾，8 月至 9 月中旬果实渐熟。在哈尔滨 4 月上中旬返青，6 月下旬至 7 月上旬开花，8 月上旬种子成熟。种植后可利用 5～6 年。

◆ **繁殖／育种方法**

自然状态下黄花苜蓿可以通过种子和根蘖两种途径繁殖。黄花苜蓿有性繁殖异交率高，群体中杂合体过多，均保持较低的自交结实率。人工条件下可采用扦插繁殖。俄罗斯是世界上选育黄花苜蓿优良品种最多的国家，利用其丰富的野生种质和广泛搜集的种质培育了大量黄花苜蓿品种。由于黄花苜蓿能与紫花苜蓿自然杂交形成丰富的变异类型，因此很早就利用黄花苜蓿优良的抗寒性开展苜蓿种间杂交,选育出耐寒耐旱、适应性强的苜蓿品种。中国利用内蒙古锡林郭勒草原上的野生黄花苜蓿与紫花苜蓿进行种间杂交,育成草原 1 号和草原 2 号杂花苜蓿品种;以新疆野生黄花苜蓿杂种群体为材料,育成新牧 1 号杂花苜蓿;以内蒙古呼伦贝尔草原的黄花苜蓿与紫花苜蓿杂交,育成甘农 1 号杂花苜蓿品种。

◆ 栽培管理

选地与整地

黄花苜蓿适应性广,最适宜土质松软的沙质壤土,不宜种植在低洼及易积水的地方。可在轻度盐碱地上种植。播种前须预先深翻整地。通过深翻和浅耕整地可防除多年生杂草的地下根茎,减轻多年生杂草的危害。

选种与播种

黄花苜蓿春播和秋播均可。将准备好的种子直接免耕均匀撒播。若用脱粒的纯净种子播种,每亩用种量为 1 ～ 1.5 千克;用荚果种子播种,一般每亩用种量为 7 ～ 10 千克。将磷肥 15 千克、生物复合肥 0.5 千克加入少量河泥搅拌均匀,搓揉成细颗粒后进行播种可提高出苗率或成苗率。若荚果种子的质量不佳,应加大播种量。

田间管理

黄花苜蓿播种后 2 周左右进行检查,若出苗较差要及时补播。苗期生长缓慢,注意除杂草保苗。越冬返青时和每次刈割后追施磷肥、钾肥或复合肥 10 千克 / 亩左右。施肥量根据刈割次数和草产量而定。适时灌水和施肥,可以提高牧草的刈割次数和草产量。

病虫害防治

黄花苜蓿的病害主要有白粉病、苜蓿花叶病、苜蓿霜霉病等。其中苜蓿花叶病危害最大，主要发生在 4 月中旬。冬季及早整理枯枝残叶，消灭越冬病源；春季及早防除蚜虫，可有效预防病害发生。

◆ **采收与加工**

黄花苜蓿的刈割时期一般在播种翌年的 4 月以后，初花期刈割。每年可收割 1 ～ 3 次。常作鲜草和青干草利用，也可以制作干草粉作为配合饲料利用。此外，也可制成青贮饲料、草块、草颗粒等。

◆ **价值**

黄花苜蓿为寒冷地区优良牧草，营养价值很高。含有丰富的蛋白质、维生素和矿物质等营养成分，是改良天然草地的理想草种。叶量丰富，叶片在草层中的分布均匀。放牧和刈割的利用价值高，青鲜状态各种家畜均喜食，可增加产乳畜的产乳量，促进幼畜发育。种子成熟后的植株，家畜仍喜食。制成干草后，可用于家畜越冬饲料。

本书编著者名单

编著者 （按姓氏笔画排列）

丁雨龙　于海峰　马履一　王乃江

王力荣　王兆龙　王进鑫　王贤荣

王明玖　王建华　王显国　尹淑霞

叶照春　吕　彤　吕英民　刘天增

刘后利　刘威生　孙　宇　孙政国

芦建国　杜道林　李　慧　李雪霞

李曼莉　李隆云　李靖锐　杨　轩

肖兴翠　吴沙沙　沈海龙　张绍铃

陈　林　陈又生　陈己任　陈世龙

陈龙清　陈发棣　陈宇航　陈雅君

苑兆和　季鹏章　周世良　赵　祥

赵凯歌　段一凡　贾忠奎　顾红雅

徐福荣　高天刚　郭　月　郭　孝

郭起荣　郭海林　唐　亚　康向阳

葛　红　傅廷栋　傅承新　魏晓新

魏臻武